"十四五"普通高等院校工程教育创新系列教材

东南大学出版社新工科建设·电类相关专业规划教材

电路实验教程

主　编　赵　磊

副主编　李　恒　刘　静

东南大学出版社

SOUTHEAST UNIVERSITY PRESS

·南京·

内容简介

本书以电路理论课程为依托,主要介绍在口袋实验室环境下完成基础电路实验。全书共分 6 章,具体内容为:第一章,主要介绍口袋实验室配套的直流电源、万用表、信号发生器、示波器的使用条件与使用方法。通过基本实验操作,读者对电路实验能够有一个初步的认知。第二章,在面包板上搭建一个相对复杂的实验电路,用以验证基尔霍夫定律、叠加定理、戴维南定理等相关定律、定理。第三章,从动态电路的理论推导入手,分析一阶电路零状态响应、零输入响应、全响应状态;搭建二阶 RLC 串联电路,观察不同阻尼状态下电路的变化规律。第四章,用示波器测量正弦稳态电路中的电压波形,学会正弦量、相量的分析方法,并在口袋实验室环境尝试计算补偿电容,对感性负载电路进行功率因数提高。第五章,以 RC 电路、RLC 串联电路为研究对象,使用示波器、波特仪等测量工具观测、分析不同频率下电路的频率特性,了解滤波电路的选频特性和滤波效果,设计滤波器分解方波的奇次谐波。第六章,用口袋实验室中的 3 个信号源模拟电力系统中的三相电源,并在面包板上使用电阻搭接星形、三角形负载,在弱电条件下实现对三相电路实验的模拟。

本书可作为普通高等院校电子信息类、电气类、自动化类、计算机类等理工科专业的电路实验教材,也可作为利用口袋实验室进行自主学习的参考书。

图书在版编目(CIP)数据

电路实验教程 / 赵磊主编. —南京:东南大学出版社,2023.10
ISBN 978 - 7 - 5766 - 0839 - 7

Ⅰ. ①电… Ⅱ. ①赵… Ⅲ. ①电路—实验—教材
Ⅳ. ①TM13-33

中国国家版本馆 CIP 数据核字(2023)第 150759 号

责任编辑:姜晓乐　责任校对:韩小亮　封面设计:王　玥　责任印制:周荣虎

电 路 实 验 教 程
Dianlu Shiyan Jiaocheng

主　　编:赵　磊	
出版发行:东南大学出版社	
出 版 人:白云飞	
社　　址:南京四牌楼 2 号　邮编:210096	
网　　址:http://www.seupress.com	
经　　销:全国各地新华书店	
印　　刷:广东虎彩云印刷有限公司	
开　　本:787 mm×1092 mm　1/16	
印　　张:7.75	
字　　数:194 千字	
版　　次:2023 年 10 月第 1 版	
印　　次:2023 年 10 月第 1 次印刷	
书　　号:ISBN 978 - 7 - 5766 - 0839 - 7	
定　　价:39.00 元	

本社图书若有印装质量问题,请直接与营销部调换。电话:025 - 83791830

前　言

电路实验是电类专业的一门基础性实践课。通过本课程的学习，读者可以巩固已学的电路基本理论，掌握电路实验的基本技能和分析方法，能够应用相关知识解决实际问题，并为后续深入学习电子技术及相关专业课程打下良好的基础。

电路实验的教学内容较多，而给定的实验课时较少，因此本书采用 EDA 软件和口袋实验室相结合的形式配合指导教师进行实验教学。为了使读者能够更好地利用口袋实验室进行电路实验操作，我们制作了相关视频，并以二维码的形式嵌入书中相应位置，读者可以扫码观看本书配套的视频来学习主要的实验操作，并参考本书提供的电路参数与测量数据，在课内、课外进行自主实验。本书依托于电路理论，将相关课程、工程实际等知识加以综合运用，力求启迪读者思维、开阔读者视野、培养读者创新能力。

全书分为 6 章。第一章介绍口袋实验室常用仪器设备的使用条件与使用方法。第二～六章分别介绍电路理论知识结构、电路基本原理验证、动态电路时域分析、正弦稳态电路分析、电路的频率特性分析、三相电路等实验内容。每个章节均可以看作由若干子实验组成的大实验。学生可以在每章的"实验原理及内容"部分按学习需求选择完成子实验内容。

本书采用 Multisim 仿真软件设计电路，利用口袋实验室进行电路实验操作，测量并分析相关实验数据，以此对理论知识加以验证和分析。引导读者使用数学软件处理数据，例如借助 Matlab 软件进行更深入的数据处理和图形绘制，由此提高读者应用计算机以及相关软件的能力。实验过程中用到大量虚拟仪器，尤其第六章三相电路，这些与工程实际有较大差距。读者在熟练使用口袋实验室的同时，仍然需要掌握实体仪器的使用方法与应用范围。

由于作者水平有限，在本书的编写过程中难免有疏漏，恳请广大读者批评指正，以便及时修改。

目 录

第一章
常用仪器设备使用

一、 实验导读

对于电路实验的初学者,在实验之前首先要对使用的仪器设备有所了解,能够熟练操作这些实验器件。

其次,代表激励源的电压源、电流源、信号发生器,代表测量设备的万用表、示波器,这些实验仪器都有其自身的使用条件与应用范围。实验人员进行实验操作时,必须清楚意识到实验测量与理论计算的区别。

因此,借助本章的实验,希望初学者在实际操作中达到以下要求:

(1) 掌握直流电压源、电流源的使用方法,理解真实电压源、电流源的工作范围及其带负载能力。

(2) 能够熟练使用万用表测量电阻、电流和电压。

(3) 初步掌握信号发生器和示波器的使用方法。

二、 实验设备及元器件

表 1-1　实验设备及元器件表

	名称	数量	说　　　明
设备	口袋实验室	1 台	硬木课堂 Lite104 及其附带电压源、万用表、信号发生器、示波器
	直流隔离电源	1 台	电压源:±14 V 可调,最大输出电流 100 mA 电流源:0～20 mA 可调,最大输出电压±10 V
元器件	面包板	1 块	
	电阻	若干	1 kΩ 可调电位器(102) 10 Ω～1 kΩ E24 系列 1/4 W 金属膜电阻

三、 实验设备认知

本实验教程所有实验均在口袋实验室中完成。所用设备如图 1-1 所示,选用"硬木课堂 Lite104"口袋实验室及配套独立可调隔离直流电源。

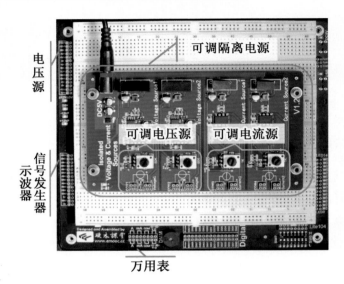

图 1-1　"硬木课堂 Lite104"口袋实验室及配套独立可调隔离直流电源

其中隔离电源提供两对独立可调电压源和两对独立可调电流源,其正常使用范围如下:

(1) 电压源输出:−14～＋14 V,最大输出电流 100 mA。

(2) 电流源输出:0～20 mA,最大输出电压±10 V。

面包板是实验中用于搭试电路的重要工具,在上面可根据需要随意插入或拔出各种电子元器件,方便搭建电路。其使用规范如图 1-2 所示。

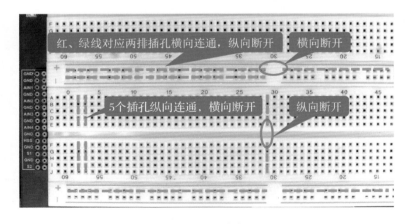

图 1-2　面包板

（1）面包板上红、绿线对应两排插孔横向连通，纵向断开。

（2）面包板上 5 个插孔纵向连通，横向断开。

本教程采用的口袋实验室为"硬木课堂"，在电脑上正确安装与之配套软件后，打开"Electronics Pioneer"程序，如图 1-3 所示界面就是本实验教程涉及的相关虚拟仪器，如万用表、信号发生器、示波器、波特仪等多种设备。

信号发生器　波特仪　频谱仪

图 1-3　"硬木课堂"主界面

四、实验内容

（一）电源及万用表的使用

1. 使用万用表欧姆挡测量电位器阻值

1-1　电源的使用及测量　　1-2　万用表的使用

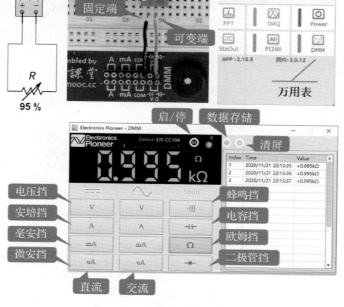

图 1-4　万用表测量电阻阻值

图 1-4 展示了测量电位器的全过程。图中使用了一个 $1\text{ k}\Omega$ 的精密电位器（该电位器上印有"102"字样，其中前两位数字"10"是乘号前面的数值，最后一位数字"2"代表 10 的 2 次方，即表示该电位器的最大阻值为：$10 \times 10^{2}\,\Omega = 1\text{ k}\Omega$）。 分别使用导线将万用表"COM 端"和"$\text{V}/\Omega$ 端"与电阻两端连接。在"硬木课堂"主界面上点击"DMM"按钮，打开万用表界面，选择欧姆挡，观测电阻阻值的变化情况。

实验任务 1-1

根据表 1-2 提示，完成对指定电阻的测量。

表 1-2　电阻值的测量

选定电阻	标称 100 Ω	标称 510 Ω	1 kΩ 可调电位器最大值
实测值/Ω			

2. 使用万用表直流电压挡测量电压源电压

如图 1-5 所示，分别将万用表"COM 端"和"V/Ω 端 "接在直流隔离电源模块电压源的"$-$"端与"$+$"端。缓慢调节电压源旋钮，用万用表直流电压挡观测电压源输出电压的大小。

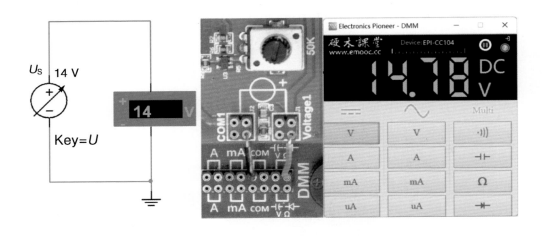

图 1-5　万用表测量电压源电压

实验任务 1-2

在如图 1-5 所示电路中，顺时针或逆时针转动电压源调节旋钮，测出电压源的最小输出电压和最大输出电压值，并填入表 1-3 中。

表 1-3　电压源测量

电压源电压	最小输出电压	最大输出电压
实测值/V		

3. 使用万用表直流电流挡测量电流源电流

如图 1-6 所示,分别将万用表"COM 端"和"mA 端"接在直流隔离电源模块中的电流源"一"端(箭尾位置)与"＋"端(箭头位置),缓慢调节恒流源旋钮,用万用表直流电流毫安挡测量恒流源电流输出大小。

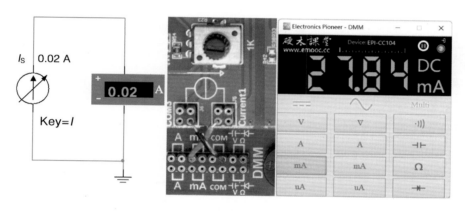

图 1-6　万用表测量隔离电源模块的电流源电流

实验任务 1-3

在图 1-6 所示电路中,顺时针或逆时针转动电流源调节旋钮,测出电流源的最小输出电流和最大输出电流值,并填入表 1-4 中。

表 1-4　电流源测量

电流源电流	最小输出电流	最大输出电流
实测值/mA		

4. 电阻伏安特性测量

按图 1-7 连线,为了便于测量,电阻 R 在 $100\ \Omega \sim 2\ k\Omega$ 阻值范围内选取。调节电压源,使其电压 U_S 在 $0 \sim 14\ V$ 之间变化,测量流过 R 的电流以及该电阻两端电压。

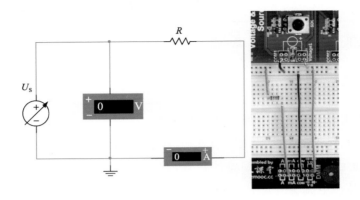

图 1-7 电阻伏安特性测量

表 1-5 电压、电流测量示例

测量对象：电阻 $R=510\,\Omega$，额定功率 1/4 W						
测量量	测量值					
U_s/V	2	4	6	8	10	12	14
I/mA	4.0	7.9	11.9	16.0	19.8	23.7	27.3
R/Ω	500	506	504	500	505	506	512
P/mW	8	31.6	71.4	128	198	284.4	382.2

实验任务 1-4

选择一个合适阻值的电阻，根据表 1-5 给出的示例，完成表 1-6 的测量任务，并回答问题。

表 1-6 电压、电流测量

测量对象：电阻 $R=($ $)\,\Omega$，额定功率 1/4 W						
测量量	测量值					
U_s/V	0	2	4	6	8	10	14
I/mA							
R/Ω							
P/mW							

（1）请根据表 1-6，绘制电阻 R 的伏安特性曲线 $I=f(U)$。

（2）当 $U_s=14$ V 时，对阻值为 510 Ω、额定功率为 1/4 W 的金属膜电阻有何影响？

5. 电压源外特性测量

按图 1-7 接线，设置电压源为一个固定输出电压。选用阻值范围为 20~1 000 Ω 且阻值不等的电阻,测量不同阻值情况下电压源端口的输出电压与输出电流,测量结果如表 1-7 所示。

表 1-7 电压源外特性测量示例

测量对象:电压源±14 V 可调,最大输出电流 100 mA							
电阻阻值	R/Ω	20	50	100	200	500	1 000
电压源 1 输出电压 14 V	U_S/V	1.8	4.5	9.1	13.5	14.0	14.0
	I/mA	96.1	95.0	95.0	70.6	29.1	14.8
	P/mW	173.0	427.5	864.5	953.1	407.4	207.2
电压源 2 输出电压 5 V	U_S/V	1.8	4.6	5.0	5.0	5.0	5.0
	I/mA	97.0	97.0	52.2	26.3	10.5	5.3
	P/mW	174.6	446.2	261.0	131.5	52.5	26.5

实验任务 1-5

将电压源的输出电压设置为一个固定值,按图 1-7 接线,根据表 1-7 所给示例,测量电压源两端电压以及回路电流,将测量值填入表 1-8 中,并结合测量数据回答问题。

表 1-8 电压源外特性测量

测量对象:电压源±14 V 可调,最大输出电流 100 mA							
电阻阻值	R/Ω	20	50	100	200	500	1 000
电压源 输出电压 ( ) V	U_S/V						
	I/mA						
	P/mW						

(1)请根据表 1-8 中的数据,绘制当前电压源的外特性曲线 $I = f(U)$。

(2)结合给定的电压源额定参数特性,分析所绘制的电压源外特性曲线。

6. 电流源外特性测量

如图 1-8 所示,把"电压源外特性测量"电路中的电压源用电流源替代。将电流源的输出电流设置为一个固定值。调节电位器,让其电阻阻值在 200~1 000 Ω 范围内变化,测量不同阻值情况下电流源端口的输出电压与输出电流。

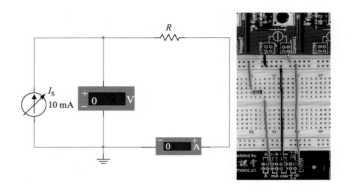

图 1-8　电流源外特性测量

表 1-9　电流源外特性测量示例

		测量对象：电流源 0~20 mA 可调，最大输出电压±10 V					
电位器阻值	R/Ω	200	400	500	600	800	1 000
电流源 1 输出电流 20 mA	U_S/V	4.1	8.3	10.4	10.7	10.8	10.9
	I/mA	21.6	21.6	21.7	18.6	14.0	11.5
	P/mW	88.6	179.3	225.7	199.0	151.2	125.4
电流源 2 输出电流 10 mA	U_S/V	2.0	3.9	4.9	5.9	7.8	9.6
	I/mA	10.2	10.2	10.2	10.2	10.1	10.2
	P/mW	20.4	39.8	50.0	60.2	78.8	97.9

实验任务 1-6

将电流源的输出电流设置为一个固定值，按图 1-8 接线，根据表 1-9 所给示例测量电流源两端电压以及回路电流，将测量值填入表 1-10 中，并结合测量数据回答问题。

表 1-10　电流源外特性测量

		测量对象：电流源，0~20 mA 可调，最大输出电压±10 V					
电位器阻值	R/Ω	200	400	500	600	800	1 000
电流源 输出电流 （　　）mA	U_S/V						
	I/mA						
	P/mW						

（1）请根据表 1-10 中的数据，绘制当前电流源的外特性曲线 $I=f(U)$。

（2）结合给定的电流源额定参数特性，分析所绘制的电流源外特性曲线。

（二）信号发生器与示波器的使用

本部分内容仅简单介绍信号发生器、示波器的基本应用，相关详细方法在本书第三章和第四章将有具体实验案例说明。

1-3 波形测量

1. 信号发生器的使用

信号发生器又称信号源，是一种能提供各种频率、波形和输出电平电信号的设备，可以用来产生各种波形的电信号，例如正弦波、三角波、矩形波等。如图1-9所示，在硬木课堂主界面上点击"FGEN"按钮，打开信号发生器界面。点击信号发生器总开关，并拨动"H""1""2"开关，将对应开启硬木课堂口袋实验室"HSS""S1""S2"3个信号通道输出。

1-4 信号源及示波器的使用

例如：拨动"1"开关，在信号发生器界面上S1通道对应位置选择输出波形并设置相应参数，就可以通过右侧面板预览输出波形。同时，在硬木课堂上"S1"与"GND"两个端子间有设定好的信号输出。"HSS"和"S2"通道与其类似。

例如：通过调节信号发生器输出一个频率$f=5\,\text{kHz}$，电压峰峰值$U_{\text{PP}}=500\,\text{mV}$，直流偏量$U_{\text{offset}}=0\,\text{V}$，初相位$\varphi=0°$的正弦波，其效果与右侧仿真中信号发生器设置相同。

请注意：硬木课堂的信号发生器波形输出幅值大小用"峰峰值（U_{PP}）"表示，Multisim仿真中用"峰值（U_{P}）"表示。

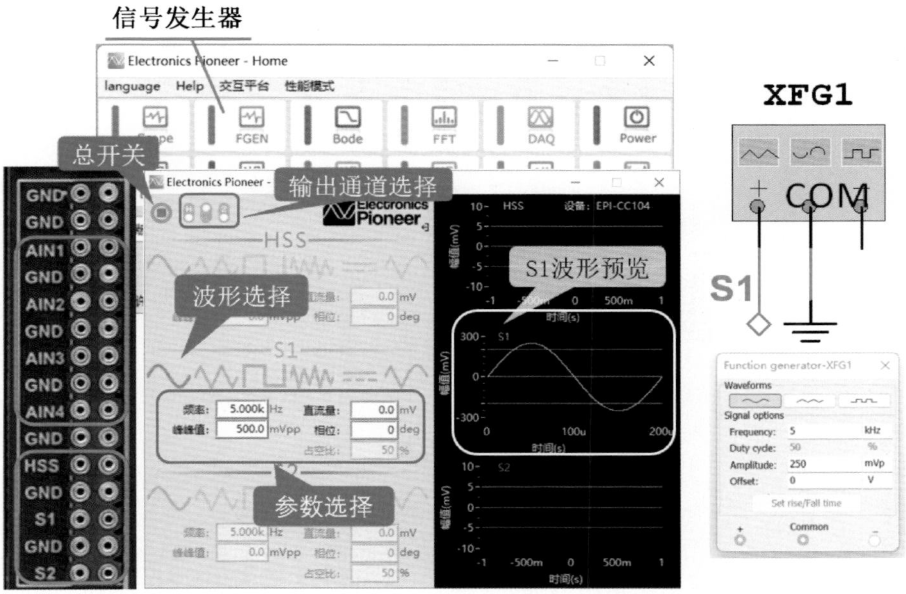

图 1-9 信号发生器

2. 示波器的使用

数字示波器是一种用于测量电信号的电子测量仪器，采用了数字信号处理技术和微处理器技术，能够对模拟信号进行数字化采样和处理。数字示波器拥有多种功能，如采集信号、处理信号、显示信号等，并且可以通过软件进行各种分析和处理。

（1）波形显示

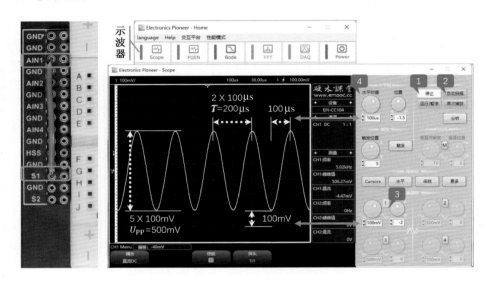

图 1-10　示波器

如图 1-10 所示，硬木课堂设备左侧各个端子中，用导线将"S1"与"AIN1"端子连接。因为设备中的信号发生器与示波器已经共地，所以此时可以使用示波器直接测量信号发生器 S1 的输出。其接线图类似图 1-11。

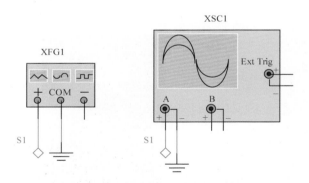

图 1-11　信号发生器与示波器接线示意图

在图 1-10 所示的硬木课堂示波器主界面上点击"Scope"按钮，打开示波器界面。点击示波器界面中 1 号标注指示的启动按键开启示波器。按下 2 号标注指示的自动扫描按键，可直接获取输出波形。

如果用手动方式调节波形图，需要根据图 1-9 中信号发生器设置的输出波形，分别通过示波器灵敏度（图 1-10 中 3 号标注指示的旋钮）和扫描时间（图 1-10 中 4 号标注指示的旋钮)两个旋钮,在纵、横两个方向上对波形进行调整,实现在"10×10"DIV(格)的示波器屏幕上显示一个大小适宜的波形。

例如:信号发生器输出正弦波 $f=5\,\text{kHz}$, $U_{\text{PP}}=500\,\text{mV}$。此时,"3"号灵敏度调整到 $100\,\text{mV/DIV}$,"4"号扫描时间调整到 $100\,\mu\text{s/DIV}$,可以保证该正弦波能够在示波器屏幕上正常显示。通过读取正弦波在示波器屏幕上所占格子数,有以下结论:

$$U_{\text{PP}}=5\times100=500\,(\text{mV})$$
$$T=2\times100=200\,(\mu\text{s})$$

(2)波形测量

通过读取示波器屏幕上横纵格子数可以直接获取被测波形的峰峰值与周期。也可以通过设置示波器的测量栏和游标去观察波形。具体操作如下:

• 使用测量栏

如图 1-12 所示,在示波器 5 号标注指示的测量栏中任选一行,点击鼠标右键,可以弹出如图所示菜单。在 CH1~CH4 4 个测量通道选定后,再根据需求选择电压或时间类型参数。用此方法,可以快速获取峰峰值、有效值、周期、频率等常用参数。

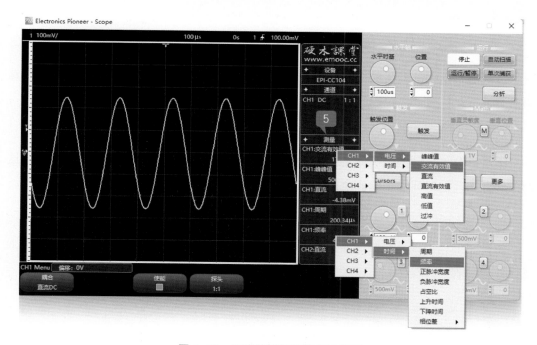

图 1-12 示波器测量栏使用示意图

• 游标使用

在图 1-13 中,按下 6 号标注指示的 Cursors 按键,将出现横纵各两条游标。当用示波器观察多个通道信号时,屏幕上有多个波形,点击示波器面板左下角"源",对需要使用游标来测量的波形进行通道选择。如图 1-13 所示,此时游标读取的数据以 CH1 通道测量的灵敏度为准。

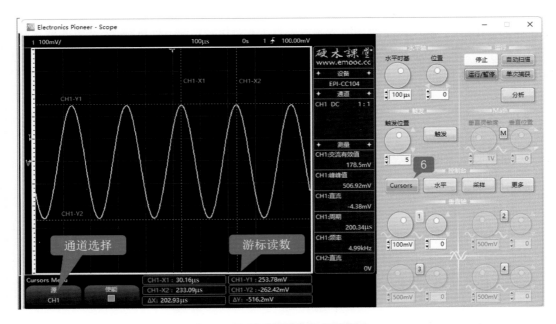

图 1-13　示波器游标使用示意图

拖动屏幕出现的两条横向游标"CH1-Y1""CH1-Y2",在游标读数栏中可以读出这两条游标所在位置的电位以及它们之间的电位差 ΔY。 例如:

$$\Delta Y = \text{"CH1-Y2"} - \text{"CH1-Y1"} = -262.42 - 253.78 \approx -516\,(\text{mV})$$

拖动屏幕出现的两条纵向游标"CH1-X1""CH1-X2",在游标读数栏中可以读出这两条游标当前的时间以及它们之间的时间差 ΔX。 例如:

$$\Delta X = \text{"CH1-X2"} - \text{"CH1-X1"} = 233.09 - 30.16 \approx 203\,(\mu s)$$

由此也能读出该正弦波的 $U_{\text{PP}} \approx 516\,\text{mV}$, $T \approx 203\,\mu s$,算出 $f = 4.95\,\text{kHz}$。 根据上述操作得到表 1-11。

表 1-11　示波器观测示例表

信号发生器设置		示波器观测	
		测量栏读数	游标读数
f/kHz	5	4.99	4.95
U_{PP}/V	0.5	0.51	0.52

实验任务 1-7

信号发生器输出一个正弦波,使用示波器进行观测,并完成表 1-12。

表 1-12　示波器观测表

信号发生器设置		示波器观测	
		测量栏读数	游标读数
f/kHz			
$U_{\mathrm{PP}}/\mathrm{V}$			
波形图		类似图 1-13	

第二章 电路基本原理验证

一、 实验导读

有了上一章节的实验操作基础以后,本章以至少包含一个电压源和一个电流源的直流电路作为实验对象。在面包板上搭接实验电路,使用万用表测量该电路中不同元件或不同支路上的电压以及流经的电流。通过分析测量数据,用以验证基尔霍夫定律、叠加定理、戴维南定理等相关定律、定理。

二、 实验设备及元器件

表 2-1　实验设备及元器件表

	名称	数量	说明
设备	口袋实验室	1 台	硬木课堂 Lite104 及其附带电源、万用表
	直流隔离电源	1 台	电压源:±14 V 可调,最大输出电流 100 mA 电流源:0~20 mA 可调,最大输出电压±10 V
元器件	面包板	1 块	
	电阻	若干	1 kΩ 可调电位器(102) 10 Ω~1 kΩ E24 系列 1/4 W 金属膜电阻

三、 实验原理及内容

按照如图 2-1 所示仿真电路搭建出如图 2-2 所示实际电路,在此电路的基础上完成对基尔霍夫定律、叠加定理、戴维南定理等的验证。

电路搭接原则:

(1) 接线紧凑,连接点越少越好。每增加一个连接点,实际上就人为地增加了故障概率。

(2) 熟悉面包板的布局。尽量保证接线横平竖直,少使用斜线,尽量不使用飞线、交叉线。

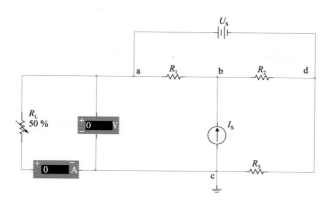

图 2-1　仿真电路图

图 2-2　实际搭接电路图

（3）在电路布线搭接过程中，不仅要考虑现阶段的测量任务，还要考虑后续有可能的测量。因此，面包板上要留够测量电压的孔位；未测量支路，在电路中多布几根导线，留足串联电流表的位置。

（一）基尔霍夫定律的验证

基尔霍夫定律反映了电路中各支路电压、电流之间的约束关系，是整个电路理论的基础。

通过对基尔霍夫定律的验证，掌握电压、电流参考方向的含义及应用，在实验中加深对 KCL、KVL 的理解。

2-1　基尔霍夫
定律的验证

1. KCL 验证

基尔霍夫电流定律（KCL）：在集总电路中，任何时刻，对任意一个节点，所有流出节点的支路电流的代数和恒等于零，即：

$$\sum i = 0$$

提前调节电压源、电流源的输出大小，按图 2-1 接线，得到如图 2-2 所示电路，判断流入节点电流是否等于流出节点电流。

若图 2-1 中电路参数为 $U_S = 5\,V$，$I_S = 5\,mA$，$R_1 = 330\,\Omega$，$R_2 = 220\,\Omega$，$R_3 = 510\,\Omega$，$R_L = 510\,\Omega$。搭建电路，使用电流表测出表 2-2 中节点 d 处的数据，验证 KCL。

表 2-2　KCL 验证示例

验证节点	I_{bd}/mA	I_{ad}/mA	I_{cd}/mA	$\sum I/mA$
d	11.98	−14.36	2.32	−0.06

实验任务 2-1

根据图 2-1 所示电路，自定义激励源与元件参数后搭建电路，测量流入或流出任意一个节点的电流，将测量得到的数据填入表 2-3 中，验证 KCL 定律。

请在表 2-3 电流"I_-"的下划线上填写所测电流下标，设定该电流的参考方向。

表 2-3　KCL 验证

验证节点	I_-/mA	I_-/mA	I_-/mA	$\sum I/mA$

2. KVL 验证

基尔霍夫电压定律（KVL）：在集总电路中，任何时刻，沿任一回路，所有支路电压的代数和恒等于零，即：

$$\sum u = 0$$

如图 2-1、图 2-2 所示，仍然采用验证 KCL 的电路，判断沿某一回路上支路电压代数和是否等于零。

例如：使用电压表测出表 2-4 中回路 abca 上各个支路电压数据，验证 KVL。

表 2-4　KVL 验证示例

验证回路	U_{ab}/V	U_{bc}/V	U_{ca}/V	$\sum U/V$
回路 abca	2.31	1.40	−3.60	0.11

实验任务 2-2

根据图 2-1，自定义激励源与元件参数后搭建电路，测量任意一个回路上各支路的电压，并将测量得到的数据填入表 2-5 中，验证 KVL 定律。

请在表 2-5 电压"$U\_$"的下划线上填写所测电压下标，设定该电压的参考方向。

表 2-5　KVL 验证

验证回路	$U\_$/V	$U\_$/V	$U\_$/V	$\sum U$/V

（二）叠加定理的验证

叠加定理：在线性电阻电路中，某处电压或电流都是电路中各个独立电源单独作用时，在该处分别产生的电压或电流的叠加。

2-2 叠加定理的验证

如图 2-1 所示，搭建参数为：$U_S = 5$ V，$I_S = 5$ mA，$R_1 = 330\,\Omega$，$R_2 = 220\,\Omega$，$R_3 = 510\,\Omega$，$R_L = 510\,\Omega$ 的电路。根据表 2-6 提示，测量电阻 R_L 两端电压 U_{ac} 与流过该电阻上的电流 I_{ac}，验证是否满足叠加定理。

表 2-6　叠加定理的验证示例

状态	指定元件	U_{ac}/V	I_{ac}/mA
U_S 单独作用		2.5	5.0
I_S 单独作用	R_L	1.3	2.5
叠加结果		3.8	7.5
U_S、I_S 同时作用		3.8	7.6

实验任务 2-3

如图 2-1 所示，自定义激励源与元件参数后搭建电路。在该电路中任选一条支路上的器件，按照表 2-7 提示，在"$U\_$"、"$I\_$"的下划线上填写被测器件电压、电流的下标。根据该参考方向测量该元件上的电压、电流，并验证叠加定理。

表 2-7　叠加定理的验证

状态	指定元件	$U\_$/V	$I\_$/mA
U_S 单独作用			
I_S 单独作用			
叠加结果			
U_S、I_S 同时作用			

• 如果把上述电路图中的某一元件换成二极管、电容或电感,是否满足叠加定理,为什么?

(三)戴维南定理的验证

2-3 戴维南定理的验证

戴维南定理:一个含独立电源、受控源和线性电阻的一端口网络,对于外电路来说,可以等效为一个电压源与一个电阻的串联。该电压源的电压为一端口网络的端口开路电压,电阻为一端口网络内所有独立电源置零时的等效电阻。

设图 2-3(a)电路参数为:$U_S = 5$ V,$I_S = 5$ mA,$R_1 = 330$ Ω,$R_2 = 220$ Ω,$R_3 = 510$ Ω,可调电位器$R_L = 10$ kΩ。

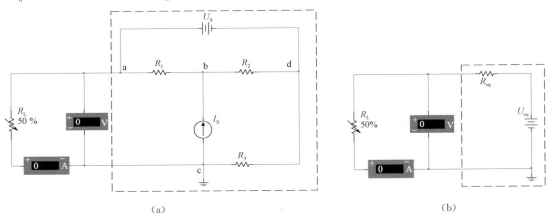

(a)　　　　　　　　　　　　　　　　(b)

图 2-3　戴维南定理的验证实验电路图

如图 2-3(a)所示,从 a、c 节点向右看,虚线框中的电路是一个含独立电源和线性电阻的一端口网络。根据戴维南定理,将图 2-3(a)虚线框中的电路等效为图 2-3(b)虚线框中电压源和电阻串联的模型。

步骤一,按照图 2-3(a)和图 2-2 所示电路进行实际接线,调节负载 R_L 为不同阻值时,测量图 2-3(a)中一端口网络的端口电压以及端口电流,具体数值如表 2-8 所示。

表 2-8　有源一端口网络外特性测量值

原电路一端口	R_L/Ω	0	200	510	1 k	2 k	6.8 k	∞
	U_{ac}/V	0	2.1	3.8	5.1	5.9	6.8	7.5
	I/mA	15.0	10.9	7.7	4.9	3.1	1.1	0

从表 2-8 中可以看到,当开路电压 $U_{oc} = 7.5$ V 时,短路电流 $I_{sc} = 15.0$ mA。

步骤二,根据表 2-8,绘制原电路有源线性一端口网络的伏安特性曲线 $I = f(U)$,如图 2-4 所示。

步骤三,求等效电阻。

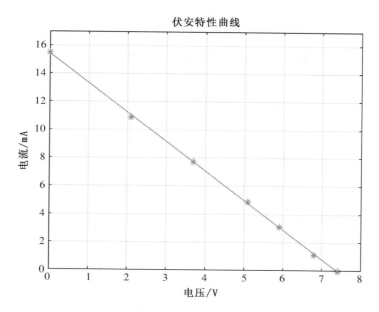

图 2-4　有源线性一端口网络负载的伏安特性曲线

方法一：$R_{eq} = \dfrac{U_{oc}}{I_{sc}} = 500\ \Omega$

方法二：对于图 2-3(a)中一端口网络，将其内部电源置零(即电压源短路、电流源断路)后，得到图 2-5，通过计算或使用万用表欧姆挡测量，得到该端口电阻的阻值 $R_{eq} = 510\ \Omega$。

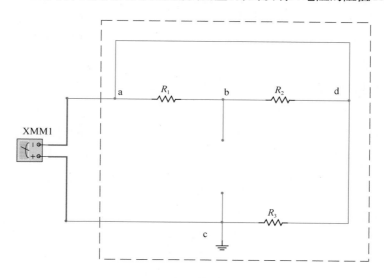

图 2-5　除源法测量等效电阻电路

方法三：对于图 2-3(a)中一端口网络，将其内部电源置零，在该端口处接一个电压源，例如设置该电压源电压为 $U_1 = 5\ \text{V}$，得到图 2-6。

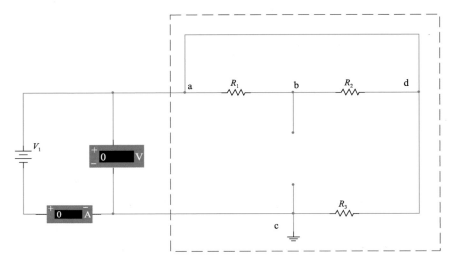

图 2-6 外接电压源测量等效电阻电路

测量此时端口电压 $U_{ac} = 5\text{ V}$，电流 $I_{ac} = 10.5\text{ mA}$，推导得到等效电阻：

$$R_{eq} = \frac{U_{ac}}{I_{ac}} = \frac{5\text{ V}}{10.5\text{ mA}} \approx 476\ \Omega$$

在用上述三种方法求等效电阻的过程中，考虑到电路安全因素，若通电状态下有源线性一端口网络端口处不允许短路，则无法使用"方法一"求短路电流 I_{sc}。如果使用"方法二、方法三"求取等效电阻的条件是原电路中的电源置零（即电压源用短路替代，电流源用开路替代），而在实际运行电路中未必能实现这样的测量环境。针对这三种方法各自存在约束，可以采用如下方法：

方法四：根据"步骤二"绘制出的有源线性一端口电路的伏安特性曲线（注意：由于安全要求该端口不允许短路）如图 2-4 所示，求出其曲线斜率即为等效电阻 $R_{eq} = 477\ \Omega$。

步骤四，根据步骤一求得的开路电压 U_{oc} 和步骤三求得的等效电阻 R_{eq}，搭建如图 2-3(b) 所示等效电路。

步骤六，在如图 2-3(b) 所示的等效电路中，令负载 R_L 为不同阻值时，测量等效电路中一端口网络的端口电压以及端口电流，测得数据如表 2-9 所示。

表 2-9 戴维南等效电路外特性测量值

	R_L/Ω	0	200	510	1 k	2 k	6.8 k	∞
等效电路端口	U_{ac}/V	0	2.2	3.8	5.1	5.9	6.8	7.5
	I/mA	15.1	11.5	7.6	4.9	3.1	1.1	0

步骤七,根据表2-9中的数据,绘制等效电路端口伏安特性曲线 $I=f(U)$,并把该曲线与步骤二中绘制的曲线进行对比(如图2-7所示)。

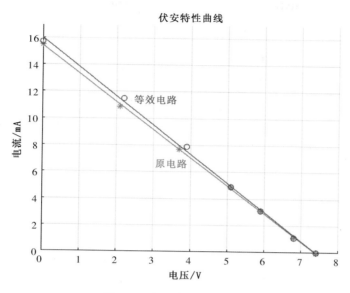

图 2-7　负载伏安特性曲线

实验任务 2-4

仿照图2-2、图2-3,自定义电源大小和电阻阻值大小,搭建有源线性一端口网络。按照上述实验步骤验证戴维南定理,并完成表2-10。

电源大小选择提示:电压源电压大于 5 V,小于 10 V;电流源电流大于 5 mA,小于 15 mA。

电阻阻值选择提示:各电阻阻值大于 100 Ω,小于 1 kΩ。

表 2-10　外特性测试

	$U_S=($　　　) V, $I_S=($　　　) mA, $R_1=($　　) Ω, $R_2=($　　　) Ω, $R_3=($　　　) Ω					
原电路一端口	$R_L/Ω$	0				
	U_{ac}/V	0				
	I/mA					0
	$U_{oc}=($　　　　) V, $R_{eq}=($　　　) Ω					
等效电路端口	$R_L/Ω$	0				
	U_{ac}/V	0				
	I/mA					0
绘制有源线性一端口和等效电路端口的伏安特性曲线						

(四）诺顿定理的验证

诺顿定理：一个含独立电源、线性电阻和受控源的一端口网络，对外电路来说，可以等效为一个电流源与一个电阻的并联，该电流源为一端口网络的端口短路电流，电阻为一端口网络内所有电源置零（即不作用）时的输入电阻。

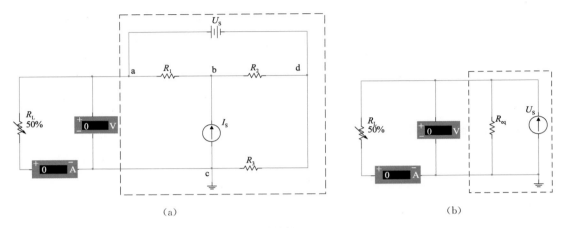

图 2-8　诺顿定理的验证实验电路图

例如，可以根据前面所讲的"（三）戴维南定理的验证"中表 2-8 所测数据，搭建如图 2-8(b) 所示诺顿等效电路，并验证诺顿定理。在搭建诺顿等效电路时，请注意电流源的输出电流必须在设备给定范围内。

实验任务 2-5

在验证戴维南定理的实验任务基础上，验证诺顿定理，并完成表 2-11。

表 2-11　诺顿等效电路外特性测试

		$I_{sc}=($　　　　$)$ V, $R_{eq}=($　　　　$)$ Ω					
等效电路端口	$R_L/Ω$	0					
	U_{ac}/V	0					
	I/mA						0
绘制有源线性一端口和等效电路端口的伏安特性曲线							

• 根据表 2-11，绘制等效电路端口的伏安特性曲线 $I=f(U)$，并把该曲线与"（三）戴维南定理的验证"步骤二、步骤七中绘制出的曲线（如图 2-4 和图 2-7 所示）进行对比。

结合电流源的使用条件，说明曲线产生误差的原因。

（五）最大功率传输定理的验证

最大功率传输定理是关于负载与电源相匹配时，负载能获得最大功率的定理。电力系统要求尽可能提高效率，以便更充分地利用能源，不能在阻抗匹配条件下传输功率，因为其效率太低。但是在测量、电子与信息工程领域（通常为低功耗场合），常常着眼于从微弱信号中获取最大功率，而尽量实现阻抗匹配，不看重效率的高低，以使负载最大限度地获取信号能量，即获得最大功率。多数场合需要在最大效率和最大功率之间进行折中考虑。

最大功率传输定理分为直流电路和交流电路两部分：

（1）对直流电路而言，如图 2-3（b）所示，含源线性电阻单口网络（$R_{eq} > 0$）向可变电阻负载传输最大功率的条件是：负载电阻 R_L 与单口网络的输出电阻 R_{eq} 相等。满足 $R_L = R_{eq}$ 条件时，称为最大功率匹配，此时负载电阻 R_L 获得的最大功率为：

$$P_{max} = \frac{U_{oc}^2}{4R_{eq}}$$

（2）对交流电路而言，工作于正弦稳态的单口网络向一个负载 $Z_L = R_L + jX_L$ 供电，如果该单口网络可用戴维南等效电路代替，其等效阻抗为 $Z_{eq} = R_{eq} + jX_{eq}$，则该单口网络向负载传输最大功率的条件是：$R_L = R_{eq}$ 和 $X_L + X_{eq} = 0$，负载阻抗 Z_L 等于含源单口网络输出阻抗 Z_{eq} 的共轭复数。此时负载 Z_L 获得的最大有功功率仍然为：

$$P_{max} = \frac{U_{oc}^2}{4R_{eq}}$$

以"（三）戴维南定理的验证"中图 2-3（b）为例，电阻 R_L 为负载，采用表 2-9 所测数据，计算得到表 2-12 中不同阻值情况下负载的功率。

表 2-12　负载功率表

等效电路端口	$U_{OC} = (7.5)$ V, $R_{eq} = (500)$ Ω, $P_{max} = 28.1$ mW						
	R_L/Ω	0	200	510	1 k	2 k	6.8 k	∞
	U_{ac}/V	0	2.2	3.8	5.1	5.9	6.8	7.4
	I/mA	15.7	11.5	7.6	4.9	3.1	1.1	0
	P/mW	0	25.3	28.88	24.99	18.29	7.48	0

可以看出，当负载 R_L 阻值接近等效电阻 R_{eq} 时，负载上获得的功率最大。

第三章
动态电路时域分析

一、 实验导读

与第二章比较,本章的实验引入了储能元件。因此当电路发生换路时,电容或电感自身将进行能量的存储或释放。因为这种能量的交换需要一定的时间,所以当电路由换路前的一个稳定的工作状态转变到换路后另外一个稳定的工作状态,期间经历了一个短暂的过渡过程,这个过程中的电路工作状态被称为动态或瞬态。而本章实验所关注的就是该动态电路瞬态响应的变化规律。

本章首先以 RC 电路为实验对象,分析一阶电路的零状态响应、零输入响应和全响应,再使用 RLC 串联电路分析二阶电路不同阻尼状态下电路的变化规律。

二、 实验设备及元器件

表 3-1　实验设备及元器件表

	名称	数量	说明
设备	口袋实验室	1 台	硬木课堂 Lite104 及其附带万用表、信号发生器、示波器
元器件	面包板	1 块	
	电容	若干	1~1 μF 50 V 独石电容
	电感	若干	1~10 mH 0510 色环电感
	电阻	若干	100 Ω~50 kΩ E24 系列 1/4 W 金属膜电阻

三、 实验原理及内容

(一) 矩形波的设置与分析

本书第一章中的"信号发生器与示波器的使用"一节介绍了如何使用示波器观测波形,这里将针对本章用到的矩形波对示波器的功能及使用方法作进一步的介绍。

信号发生器输出一个频率 $f=50\text{ Hz}$,峰峰值 $U_{PP}=4\text{ V}$,直流偏量 $U_{offset}=0\text{ V}$,占空比

为 25% 的矩形波。用示波器观测如图 3-1 所示。

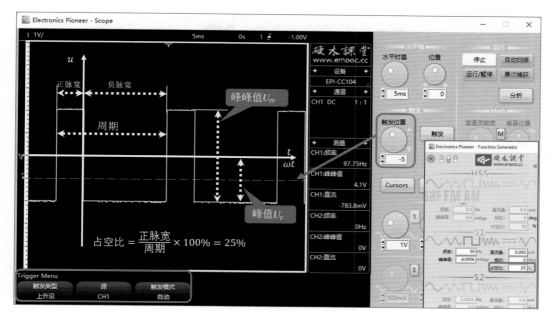

图 3-1 矩形波的设置与观测

示波器的"触发"是指示波器的扫描与被观测信号同步,从而显示稳定的波形。按下"触发"按键,在示波器界面左下角选择触发源(通道)、触发类型以及触发模式,同时再调节"触发位置"即可以稳定显示波形(其中,硬木课堂示波器的触发位置为"5/DIV")。

在图 3-1 中,当触发位置选择为"−5",可以看到有一条触发线在示波器面板−1 V的位置出现(几秒后会消失)。此时矩形波波峰和波谷对应的电压分别为"+2 V"和"−2 V",触发位置能够与被测波形相交,因此可以稳定显示出波形。

在示波器测量栏上显示的测量频率为 97.75 Hz,与信号发生器输出频率不符,这是为了在示波器屏幕上将该矩形波的波形特征表现得更明显,从而只选取了几个周期的波形,因此导致示波器中对该矩形波采样不够,此时如果把"水平时间"调到"10 ms/DIV"让示波器屏幕中出现更多周期的矩形波,示波器测量栏中才可以显示出实际的波形频率。

$$占空比 = \frac{正脉宽}{周期} \times 100\% = 25\%$$

当占空比 = 50% 时,该矩形波也称为方波。

信号发生器输出一个频率 $f = 50$ Hz,峰峰值 $U_{PP} = 4$ V,直流偏量 $U_{offset} = 2$ V,初相位 $\varphi = 0°$ 的方波。用示波器观测如图 3-2 所示。

直流偏量设置为 2 V,意味着将一个波峰、波谷电压分别为"+2 V"和"−2 V"的矩形波再叠加上一个 2 V 的直流电压源。此时,在图 3-2 所示波器

3-1 直流量说明

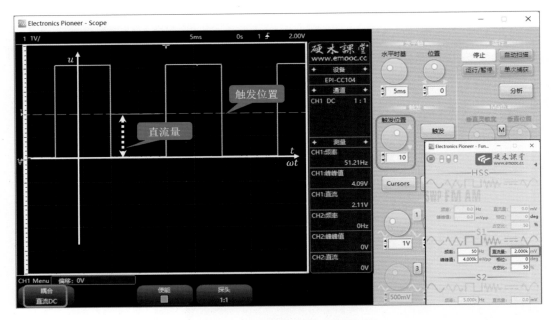

图 3-2　直流偏置的设置与观测

面板左下角选择的耦合方式是"直流 DC",意味着能够同时观测交流量与直流量的叠加。如果点击该位置,选择"交流 AC",信号发生器中设置的 2 V 直流偏量将被屏蔽。

如果触发位置保持在图 3-1 所设置的"−5",而矩形波波峰波谷电压分别为"+4 V"和"0 V",触发位置与被测波形不相交,此时将观察到抖动波形。

合理调节触发位置,能够有选择地观察复杂信号,稳定显示一个周期性的信号。

(二) 一阶电路

以图 3-3(a)所示的一阶 RC 电路为例,开关转换前后,电路的结构或元件参数发生变化。通过图 3-3(b)所示的示波器观测波形。

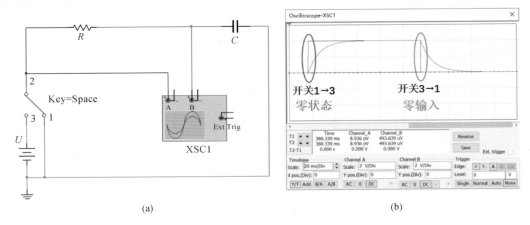

(a)　　　　　　　　　　　　　　　　(b)

图 3-3　一阶 RC 电路(用开关换路)

如图 3-3(a)所示,当实测时采用开关实现换路,需要同时用长余辉示波器的慢扫描去观察换路时电路瞬态的变化规律,操作起来并不方便。因此本章节实验中,采用信号发生器输出矩形波,借用矩形波的上升沿、下降沿代替开关来实现电路工作状态的转变。

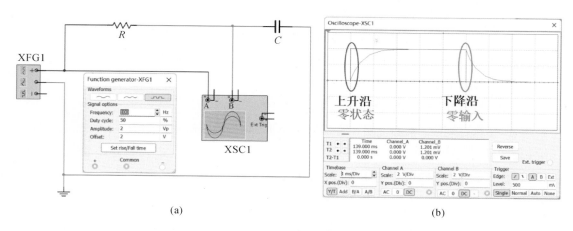

(a)　　　　　　　　　　　(b)

图 3-4　一阶 *RC* 电路(用矩形波换路)

在图 3-3(a)中用的是一个正的电压源,而在图 3-4 中换成信号发生器后,仿真输出的矩形波波峰电压为正、波谷电压为负。因此,需要调节信号发生器的直流偏量。

例如:在图 3-4 中,信号发生器输出矩形的波峰值 $U_P = 2$ V,则需要设置直流偏量 $U_{offset} = 2$ V,由此可保证波峰电压为 4 V、波谷电压为 0 V。

而使用实际信号发生器作为输出,则需要按照图 3-1、图 3-2 所示方法设置矩形波的输出。

按图 3-5(a)搭接电路,用示波器 AIN1 通道观测激励源波形,AIN2 通道观测电容上电压波形。

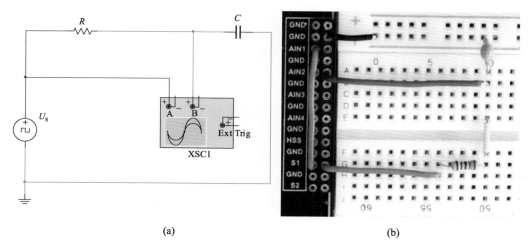

(a)　　　　　　　　　　　(b)

图 3-5　矩形波输入的一阶 *RC* 电路的搭建

这里采用方波 $U_{PP}=4\text{ V}$ 的激励源,电路元件参数为 $R=10\text{ k}\Omega,C=1\text{ }\mu\text{F}$ 的 RC 电路作为实验对象。

注意:实验中采用的独石电容上印刷有数字,前两位数字代表乘号前数值,后一位数字代表 10 的第 N 次方。例如:电容上印有"105",表示该电容的容值:$10\times10^{5}\text{ pF}=1\text{ }\mu\text{F}$;而电容上印有"22"表示该电容的容值:$22\times10^{0}\text{ pF}=22\text{ pF}$。

根据电阻、电容选定的参数,调节信号发生器输出方波的频率,实现一阶 RC 电路的零状态响应、零输入响应以及全响应。

1. 零状态响应与零输入响应

(1)零状态响应:动态电路在零初始状态下(动态元件初始储能为零)由外施激励引起的响应。

3-2 一阶电路
零状态零输入

以仿真为例,在图 3-3(a)中,初始状态开关在位置"1",$u_{C}(0_{-})=u_{C}(0_{+})=0$。当 $t=0$ 时换路,开关拨到 3,电压源 U_{S} 开始向电容 C 充电,电容 C 存储能量。

相同情况在图 3-4(a)中,信号发生器输出幅度为 U_{S} 的方波,选择其某个上升沿之前的瞬间作初始状态,$u_{C}(0_{-})=u_{C}(0_{+})=0$。当 $t=0$ 时换路,经过上升沿后,信号发生器开始向电容 C 充电,电容 C 存储能量。

根据 KVL,有:

$$\begin{cases}u_{C}(t)+RC\dfrac{\mathrm{d}u_{C}(t)}{\mathrm{d}t}=U_{S}\quad t\geqslant0\\[2mm]\text{初始条件}u_{C}(0_{-})=u_{C}(0_{+})=0\end{cases}$$

由上述方程可得,电容的电压和电流随时间变化的规律为:

$$\begin{cases}u_{C}(t)=U_{S}(1-\mathrm{e}^{-\frac{t}{\tau}})\quad t\geqslant0\\[2mm]i_{C}(t)=\dfrac{U_{S}}{R}\mathrm{e}^{-\frac{t}{\tau}}\qquad\quad t\geqslant0\end{cases}$$

其中,$\tau=RC$,称为时间常数。

换到实际电路图 3-5(a)中,选择合适的方波频率,保证在方波正脉宽范围内,信号发生器经过电阻持续向电容充电,电容电压 $u_{C}(t)$ 随时间递增直至电容存储能量达到饱和,这段暂态过程结束。最终得到如图 3-6 所示波形。

这一过程中,电容电压 $u_{C}(t)=0.632U_{S}$ 时,时间刚好过了 τ s。

要实现零状态、零输入响应,搭建电路前要考虑方波频率与元件参数,让方波的半个周期远远大于时间常数 $\left(\dfrac{T}{2}\geqslant5\tau\right)$,保证电容能够充分地存储与释放能量。

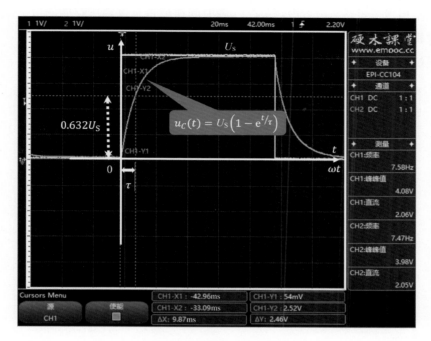

图 3-6　零状态响应下观测 τ

（2）零输入响应：动态电路中无外施激励电源，只有动态元件初始储能所产生的响应。

如图 3-3 所示，若初始状态开关在位置"3"，$u_C(0_-) = u_C(0_+) = U_S$。当 $t = 0$ 时换路，开关拨动到 1，电容 C 放电，释放能量。

相同情况，如图 3-4 所示，信号发生器输出幅度为 U_S 的矩形波，选择其某个上升沿之前的瞬间作初始状态，$u_C(0_-) = u_C(0_+) = U_S$。当 $t = 0$ 时换路，经过下降沿后，电容 C 放电，释放能量。

根据 KVL 有：

$$\begin{cases} u_C(t) + RC\dfrac{\mathrm{d}u_C(t)}{\mathrm{d}t} = U_S & t \geqslant 0 \\ \text{初始条件} u_C(0_-) = u_C(0_+) = U_S \end{cases}$$

由上述方程可得，电容的电压和电流随时间变化的规律为：

$$\begin{cases} u_C(t) = u_C(0_+)\mathrm{e}^{-\frac{t}{\tau}} & t \geqslant 0 \\ i_C(t) = \dfrac{u_C(0_+)}{R}\mathrm{e}^{-\frac{t}{\tau}} & t \geqslant 0 \end{cases}$$

如图 3-7 所示，在方波负脉宽范围内，电容经过电阻持续放电（电阻消耗能量，信号发生器此时相当于短路),电容电压 $u_C(t)$ 随时间递增直至电容所存储能量全部释放,这段暂态过程结束。

这一过程中,电容电压 $u_C(t) = 0.368U_S$ 时,时间刚好过了 τ s。

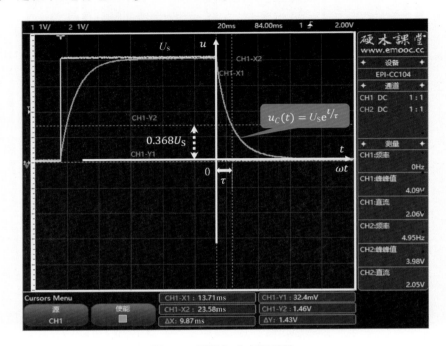

图 3-7　零输入响应下观测 τ

注意:如图 3-7 所示,在零输入响应中,只需要电容内存储能量即可,所以初始状态可以选择某个方波下降沿后半个周期内任意时刻。为了方便测量,往往选取下降沿瞬间作为初始时刻,因此令 $u_C(0_-) = u_C(0_+) = U_S$。

实验任务 3-1

表 3-2 为图 3-6、图 3-7 测量所得数据示例,请根据该表提示,设计一阶 RC 电路,实现零状态、零输入响应,并使用游标测出时间常数 τ。

表 3-2　时间常数 τ 测量表

元件参数		激励源:方波		$\tau = RC$	零状态响应	零输入响应
$R/\text{k}\Omega$	$C/\mu\text{F}$	U_{PP}/V	f/Hz	τ/ms	τ/ms	τ/ms
10	1	4	5	10	9.87	9.87

(3)零状态、零输入响应下的电阻电压与回路电流测量

以上测量均按照图 3-5 接线方式对电容电压进行观测,而在使用硬木课堂口袋实验室

时,信号发生器与示波器处于共地状态(实物的信号发生器与示波器大多数也通过电源插线板共地),再按照图 3-5 接线就不能直接观测出电阻上电压的变化情况了。因此,可以在图 3-5 的基础上调换电阻与电容位置,使用与上述相同方法测量电阻上电压的波形。

另外一种方法是使用示波器"Math"函数功能区的减法功能。

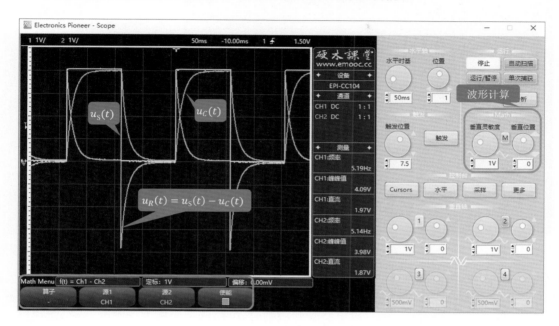

图 3-8   用示波器"Math"功能获得电阻电压波形

按图 3-5 接线,得到的波形如图 3-8 所示,点击"波形计算"区域内的"M"键,再将示波器界面左下角"算子"处选择"—"。此时,示波器显示的波形为 CH1 通道测量波形减去 CH2 通道测量波形,即 $f(t)=\text{CH1}-\text{CH2}$。

当前 CH1 通道测量激励源电压 $u_S(t)$,CH2 通道测量电容电压 $u_C(t)$,根据 KVL,得到电阻上电压波形 $u_R(t)=u_S(t)-u_C(t)$。

如果要测量 $u_R(t)$ 波形上某一时刻电压大小,需要使用游标功能,具体使用方法在第一章中已有说明。

此处要注意的是,如图 3-9 所示按下"Cursors"按键后,示波器界面左下角游标测量的"源"是 CH1,因此,在"波形计算"区域内的灵敏度必须与这个"源"CH1 保持一致,选择"1 V/DIV",才能使用游标功能正确测量出 $u_R(t)$ 波形。

根据欧姆定律 $i_R(t)=\dfrac{u_R(t)}{R}$,图 3-8、图 3-9 所示电阻电压波形也能反映整个回路中的电流变化情况。因为这个原因,在后面的实验中,通常也把某一支路中测到的电阻电压波形当作是该支路的电流波形的反映。

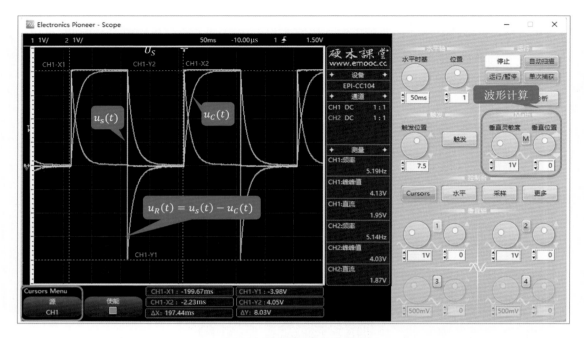

图3-9 游标测量$u_R(t)$电压

2. 全响应

当一个非零初始状态的一阶电路受到激励时,电路的响应称为一阶电路的全响应。

根据 KVL 有:

3-3 一阶电路全响应

$$\begin{cases} u_C(t) + RC\dfrac{\mathrm{d}u_C(t)}{\mathrm{d}t} = U_\mathrm{s} \quad t \geqslant 0 \\ \text{初始条件}\, u_C(0_-) = u_C(0_+) = U_0 \end{cases}$$

由上述方程可得,电容的电压和电流随时间变化的规律为:

$$\begin{cases} u_C(t) = U_\mathrm{s}(1 - \mathrm{e}^{-\frac{t}{\tau}}) + u_C(0_+)\mathrm{e}^{-\frac{t}{\tau}} \quad t \geqslant 0 \\ \qquad \text{全响应} = \text{零状态分量} + \text{零输入分量} \\ i_C(t) = \dfrac{U_\mathrm{s}}{R}\mathrm{e}^{-\frac{t}{\tau}} - \dfrac{u_C(0_+)}{R}\mathrm{e}^{-\frac{t}{\tau}} \quad t \geqslant 0 \\ \qquad \text{全响应} = \text{零状态分量} + \text{零输入分量} \end{cases}$$

或

$$\begin{cases} u_C(t)=U_{\mathrm{S}}(1-\mathrm{e}^{-\frac{t}{\tau}})+u_C(0_+)\mathrm{e}^{-\frac{t}{\tau}}=[u_C(0_+)-U_{\mathrm{S}}]\mathrm{e}^{-\frac{t}{\tau}}+U_{\mathrm{S}} \quad t\geqslant 0 \\ \qquad\text{全响应}=\text{自由分量}+\text{强制分量} \\ \qquad\qquad i_C(t)=\dfrac{U_{\mathrm{S}}+u_C(0_+)}{R}\mathrm{e}^{-\frac{t}{\tau}} \quad t\geqslant 0 \\ \qquad\qquad\text{全响应}=\text{自由分量} \end{cases}$$

上述全响应方程均可用初始值 $f(0_+)$、特解稳态值 $f(\infty)$ 和时间常数 τ 三要素来表示，若用 $f(t)$ 表示全响应，则：

$$f(t)=f(\infty)+[f(0_+)-f(\infty)]\mathrm{e}^{-\frac{t}{\tau}}$$

例如：激励源为峰峰值 4 V、频率 50 Hz 的方波，电路参数为：$R=10\ \mathrm{k\Omega}$、$C=1\ \mathrm{\mu F}$，验证全响应公式 $f(t)$。

（1）当 $f(t)$ 波形递增时

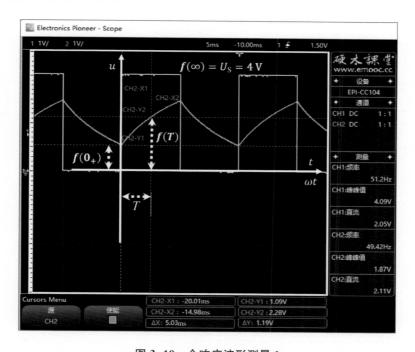

图 3-10　全响应波形测量 1

如图 3-10 所示，选取电容电压波形中某一波谷为初始值 $f(0_+)$，在半个周期内任意选择一个时刻 T。具体操作如下：

使用横向游标"CH2-Y2"测量 $f(T)$ 的电压：

$$f(T)_{\text{测量}}=2.28\ \mathrm{V}$$

使用纵向游标"CH2-X1""CH2-X2"测量初始值 $f(0_+)$ 到 $f(T)$ 的时间：

$$T = \Delta X = 5.03 \text{ ms}$$

使用横向游标"CH2-Y1"测量初始值 $f(0_+)$ 的电压：

$$f(0_+) = 1.09 \text{ V}$$

假设不限定时间,让电容完全存满能量,此时电容电压为 U_S,就是该波形稳态值 $f(\infty)$：

$$f(\infty) = 4 \text{ V}$$

时间常数 τ 由电路自身结构决定：

$$\tau = RC = 10 \text{ ms}$$

由全响应公式计算可得：

$$f(T)_{\text{计算}} = 2.24 \text{ V}$$

（2）当 $f(t)$ 波形递减时

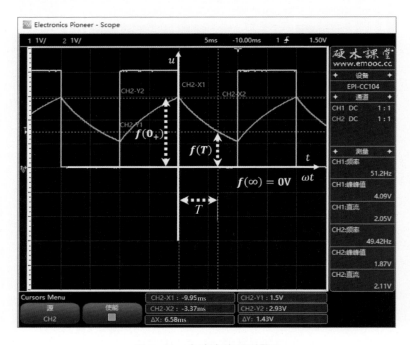

图 3-11　全响应波形测量 2

如图 3-11 所示,选取电容电压波形中某一波峰为初始值 $f(0_+)$,在半个周期内任意选择一个时刻 T。具体操作如下：

使用横向游标"CH2-Y1"测量 $f(T)$ 的电压：

$$f(T)_{测量} = 1.5 \text{ V}$$

使用纵向游标"CH2-X1""CH2-X2"测量初始值 $f(0_+)$ 到 $f(T)$ 的时间：

$$T = \Delta X = 6.58 \text{ ms}$$

使用横向游标"CH2-Y2" 初始值 $f(0_+)$ 的电压：

$$f(0_+) = 2.93 \text{ V}$$

假设不限定时间，让电容把能量释放完，此时就是该波形的稳态值 $f(\infty)$：

$$f(\infty) = 0 \text{ V}$$

时间常数 τ 由电路自身结构决定：

$$\tau = RC = 10 \text{ ms}$$

由全响应公式计算可得：

$$f(T)_{计算} = 1.52 \text{ V}$$

实验任务 3-2

根据表 3-3 给出的提示，设计一阶 RC 电路实现全响应并验证全响应公式。

表 3-3　全响应验证

电路参数：$R = (10) \text{ k}\Omega$、$C = (1) \mu\text{F}$
验证电压：$u_C(T)_{测量} = kU_{PP}$，$k = 0.4$

激励源：方波		波形变化	测量	时间	初始值	稳态值	时间常数	计算验证
U_{PP}/V	f/Hz		$u_C(T)_{测量}/\text{V}$	T/ms	$u_C(0_+)/\text{V}$	$u_C(\infty)/\text{V}$	τ/ms	$u_C(T)_{计算}/\text{V}$
		递增						
		递减						

（3）全响应下的电阻电压与电流

与零状态、零输入响应测量相同，在图 3-5 中将电阻、电容位置对换，可以直接测量出电阻电压 $u_R(t)$ 与电流 $i(t)$ 的波形。

也可以如图 3-12 所示，使用示波器"Math"函数功能实现 $u_R(t) = u_S(t) - u_C(t)$，可以测出全响应下的电阻电压 $u_R(t)$ 与电流 $i(t)$ 的波形。

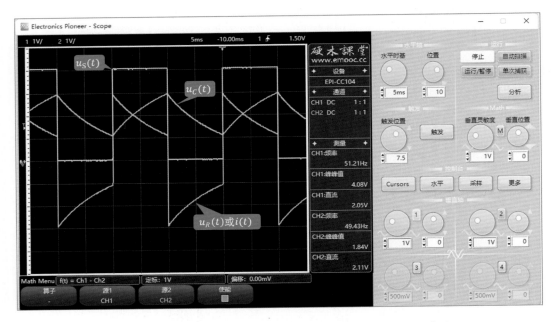

图 3-12 示波器"Math"函数功能观测全响应下 $u_R(t)$ 与 $i(t)$ 波形

3. RL 与 RC 电路

电容电压与电感电流、电容电流与电感电压成对偶关系，即

$$\begin{cases} i_C = C\ \dfrac{\mathrm{d}u_C}{\mathrm{d}t} \\[2mm] u_L = L\ \dfrac{\mathrm{d}i_L}{\mathrm{d}t} \end{cases} \quad \text{或} \quad \begin{cases} u_C(t) = \dfrac{1}{C}\displaystyle\int_{-\infty}^{t} i_C(\xi)\,\mathrm{d}\xi \\[2mm] i_L(t) = \dfrac{1}{C}\displaystyle\int_{-\infty}^{t} u_L(\xi)\,\mathrm{d}\xi \end{cases}$$

因此在上述一阶 RC 电路测量中所验证的结论换到一阶 RL 电路中一样成立。现把电容换成电感，根据选定的电感参数，调整电路信号发生器频率与电阻阻值，得到如图 3-13 所示 RL 电路与 RC 电路的三种响应波形图。

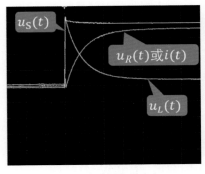

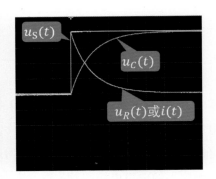

（a）RL 电路零状态响应　　　　　　　　（b）RC 电路零状态响应

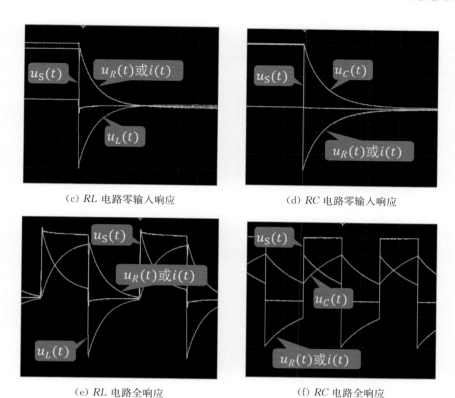

（c）RL 电路零输入响应　　　　　　　（d）RC 电路零输入响应

（e）RL 电路全响应　　　　　　　　　（f）RC 电路全响应

图 3-13 RL 电路与 RC 电路的三种响应波形图

实验任务 3-3

（1）分别设计一阶 RC 电路与 RL 电路，实现零状态响应、零输入响应以及全响应。并完成表 3-4。

表 3-4　一阶 RC 电路与 RL 电路的三种响应

	分析内容	RL 电路	RC 电路
	电路结构	$R=(\quad)\ \Omega,\ L=(\quad)\ \text{mH}$ $\tau=\dfrac{L}{R}=(\quad)\ \text{ms}$	$R=(\quad)\ \text{k}\Omega,\ C=(\quad)\ \mu\text{F}$ $\tau=RC=(\quad)\ \text{ms}$
零状态响应	初始条件		
	波形	类似图 3-13（a）	类似图 3-13（b）
	示波器观测设置		

（续表）

分析内容		RL 电路	RC 电路
电路结构		$R = ($ $) \Omega, L = ($ $) \text{ mH}$ $\tau = \dfrac{L}{R} = ($ $) \text{ ms}$	$R = ($ $) \text{ k}\Omega, C = ($ $) \mu\text{F}$ $\tau = RC = ($ $) \text{ ms}$
零输入响应	初始条件		
	波形	类似图 3-13(c)	类似图 3-13(d)
	示波器观测设置		
全响应	初始条件		
	波形	类似图 3-13(e)	类似图 3-13(f)
	示波器观测设置		

（2）根据测量及调试所得到的参数比较 RL 电路与 RC 电路在一阶响应中的异同，并得出结论。

（三）二阶电路

在一阶电路的验证分析中发现，激励源采用方波能够较为方便地观察到对应的波形变化。因此如图 3-14 所示，本节采用方波 $U_{PP} = 4 \text{ V}$ 的激励源，元件参数为 $L = 10 \text{ mH}$，$C = 6.8 \text{ nF}$ 的 RLC 串联电路作为研究对象。通过合理调节激励源频率与选择电阻 R 的阻值，观察到二阶动态电路零状态响应、零输入响应和全响应的变化情况。

1. 理论分析

如图 3-14 所示电路中，由 KVL 可得：

$$u_L + u_C + u_R = u_S$$

令 $i = C \dfrac{\mathrm{d}u_C}{\mathrm{d}t}$，整理可得：

$$LC \frac{\mathrm{d}^2 u_C}{\mathrm{d}t^2} + RC \frac{\mathrm{d}u_C}{\mathrm{d}t} + u_C = u_S$$

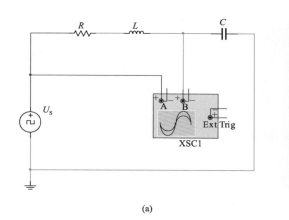
(a)

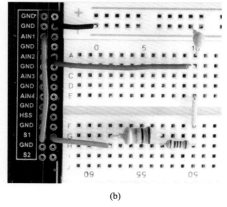
(b)

图 3-14　二阶 *RLC* 串联电路

激励源 u_S 为方波,通过控制信号发生器方波的输出频率,让二阶 *RLC* 串联电路中的电容、电感元件有足够的时间存储、释放能量,此时有:

当方波上升沿触发时,

$$u_C(0_-) = u_C(0_+) = 0,$$

$$LC\frac{\mathrm{d}^2 u_C}{\mathrm{d}t^2} + RC\frac{\mathrm{d}u_C}{\mathrm{d}t} + u_C = U_S,$$

电路为零状态响应,也可称为阶跃响应;

当方波下降沿触发时,

$$u_C(0_-) = u_C(0_+) = U_S,$$

$$LC\frac{\mathrm{d}^2 u_C}{\mathrm{d}t^2} + RC\frac{\mathrm{d}u_C}{\mathrm{d}t} + u_C = 0,$$

电路为零输入响应。

与上述一阶电路实验相同,如果让方波 u_S 频率足够低,充分满足储能元件对能量存储、释放的时间,则有:

当方波上升沿触发时,

$$u_C(0_-) = u_C(0_+) = 0,$$

$$LC\frac{\mathrm{d}^2 u_C}{\mathrm{d}t^2} + RC\frac{\mathrm{d}u_C}{\mathrm{d}t} + u_C = U_S,$$

电路为零状态响应;

当方波下降沿触发时,

$$u_C(0_-) = u_C(0_+) = U_s,$$

$$LC \frac{d^2 u_C}{dt^2} + RC \frac{du_C}{dt} + u_C = 0,$$

电路为零输入响应。

特征方程为：

$$LCp^2 + RCp + 1 = 0$$

特征根为：

$$p_{1,2} = -\frac{R}{2L} + \sqrt{\left(\frac{R}{2L}\right)^2 - \frac{1}{LC}}$$

其中，衰减系数 $\alpha = \dfrac{R}{2L}$，谐振角频率（无阻尼振荡角频率）$\omega_0 = \dfrac{1}{\sqrt{LC}}$，整理上式可得：

$$p_{1,2} = -\alpha + \sqrt{\alpha^2 - \omega_0^2}$$

其中，$\omega_d = \sqrt{\alpha^2 - \omega_0^2}$，称为衰减振荡角频率。

当 $\alpha > \omega_0$，即 $R > 2\sqrt{\dfrac{L}{C}}$ 时，特征方程有两个不相等的负实根，呈现过阻尼非振荡衰减；

当 $\alpha = \omega_0$，即 $R = 2\sqrt{\dfrac{L}{C}}$ 时，特征方程有两个相等的负实根，呈现临界阻尼非振荡衰减；

当 $\alpha < \omega_0$，即 $R < 2\sqrt{\dfrac{L}{C}}$ 时，特征方程有一对共轭复根，呈现欠阻尼振荡衰减；

当 $\alpha = 0$，即 $R = 0$ 时，特征方程有一对共轭复根，呈现无阻尼无衰减振荡。

2. 各种阻尼状态下观测到的波形

由上述理论推导，通过合理设置电阻 R、电感 L、电容 C 的参数，使用示波器可以观测不同工作状态下的响应波形。

(1) 当 $R > 2\sqrt{\dfrac{L}{C}}$ 时，电路为过阻尼状态，各响应波形如图 3-15 所示。

3-4 二阶 RLC 串联电路

(2) 当 $R = 2\sqrt{\dfrac{L}{C}}$ 时，电路为临界阻尼状态，各响应波形与图 3-15 类似。而实测电路中，由于存在电感量、电容值、激励源内阻抗等多种条件的制约，很难观测到真正意义上的临界阻尼状态。

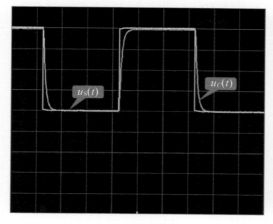

（a）电容电压波形

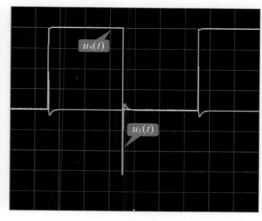

（b）电感电压波形

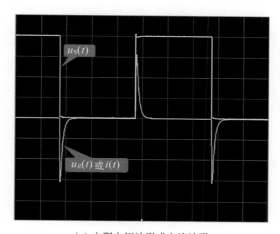

（c）电阻电压波形或电流波形

图 3-15　过阻尼状态各响应波形

（3）当 $R < 2\sqrt{\dfrac{L}{C}}$ 时，电路为欠阻尼状态，各响应波形如图 3-16 所示。

（4）当 $R=0$ 时，电路为无阻尼状态。因为没有电阻 R，所以图 3-17 中只有电容与电感上电压波形。与图 3-16(a)、3-16(b)对比，发现二者类似。这是因为 $R=0$ 时，由于激励源内存在阻抗，电感自身存在损耗电阻，电容自身存在漏电电阻，所以此时本质上还是欠阻尼状态。要实现真正的 $R=0$ 无阻尼，甚至 $R<0$ 负阻尼振荡，则需要借助模拟电子技术相关知识，因此本章不做深入讨论。

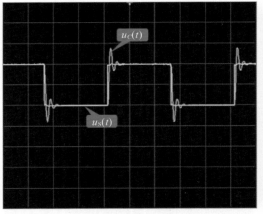

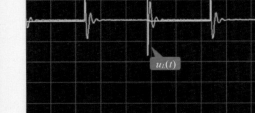

（a）电容电压波形　　　　　　　　　　　　　（b)电感电压波形

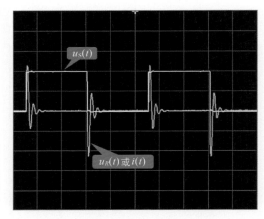

（c）电阻电压波形或电流波形

图 3-16　欠阻尼状态各响应波形

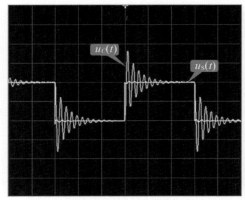

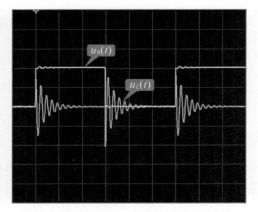

（a）电容电压波形　　　　　　　　　　　　　（b）电感电压波形

图 3-17　二阶 *LC* 串联电路响应波形

实验任务 3-4

设计二阶 RLC 串联电路,并观察过阻尼与欠阻尼状态下各个响应的波形。

3. 欠阻尼状态下的参数测量

如图 3-18、图 3-19 所示,用游标测量出相邻两个振荡波形的振幅 $U_{m1} = 1.51$ V、$U_{m2} = 0.26$ V 以及振荡波形的周期 $T_d = 46.6$ μs。

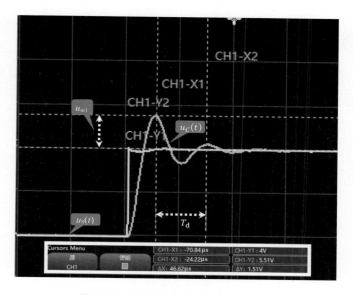

图 3-18 欠阻尼状态下的参数测量 1

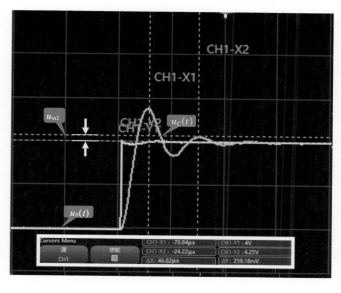

图 3-19 欠阻尼状态下的参数测量 2

衰减系数：

$$\alpha = \frac{1}{T_d} \ln \frac{U_{m1}}{U_{m2}} = 37.7 \text{ kHz}$$

振荡角频率：

$$\omega_d = \frac{2\pi}{T_d} = 134.8 \text{ kHz}$$

实验任务 3-5

设计一个欠阻尼状态下的 RLC 串联电路。比较"示波器测量"与"元件参数推导"两种方式下算出的衰减系数 α 与振荡角频率 ω_d 的区别。

表 3-5　衰减系数 $\pmb{\alpha}$ 与振荡角频率 $\pmb{\omega}_d$ 测量表

示波器测量	元件参数推导
$U_{m1}=($ 　　　　$)$, $U_{m2}=($ 　　　　$)$, $T_d=($ 　　　　$)$	$R=($ 　　　　$)$, $L=($ 　　　　$)$, $C=($ 　　　　$)$
$\alpha = \dfrac{1}{T_d} \ln \dfrac{U_{m1}}{U_{m2}} = ($ 　　　　　$)$	$\alpha = \dfrac{R}{2L} = ($ 　　　　　$)$
$\omega_d = \dfrac{2\pi}{T_d} = ($ 　　　　　$)$	$\omega_d = \sqrt{\alpha^2 - \omega_0^2} = ($ 　　　　　$)$

注意：考虑电感 L 的损耗电阻。

4. 状态轨迹观察

二阶 RLC 串联电路中，通过使用状态变量 $u_C(t)$ 与 $i_L(t)$ 在同一个平面内形成的轨迹进行电路特性的研究。

如图 3-20 所示，用示波器 CH1、CH2 两个通道分别观测 $u_C(t) + u_{r0}(t)$、$u_{r0}(t)$ 上的波形。因为检流电阻 r_0 的阻值设定得很小，所以认为 $u_C(t) \cong u_C(t) + u_{r0}(t)$。此时就可以使用示波器"XY"模式进行状态轨迹观测。

具体操作如下：

如图 3-21 所示，在示波器面板上点击"1"号水平按键，将示波器左下角"2"号位置的"标准"时基模式改为"XY"模式。在"3"号范围内，把 X 轴设为 CH1 通道获取到的 $u_C(t)$ 波形，Y 轴设为 CH2 通道获取到的 $u_{r0}(t)$ 波形，即电流 $i_L(t)$ 波形。分别调整 CH1、CH2 通道的电压灵敏度，让示波器屏幕上出现大小合适的状态轨迹。当选中"4"号显示时域波形后，在示波器屏幕上方同时出现 $u_C(t)$ 与 $i_L(t)$ 的时域波形。

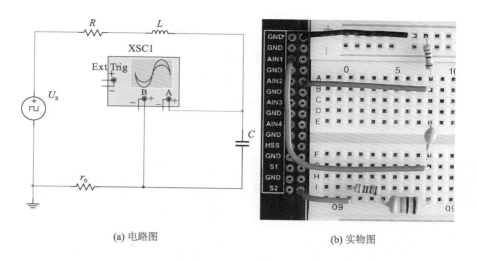

(a) 电路图　　　　　　　　　　　　(b) 实物图

图 3-20　状态轨迹观测电路

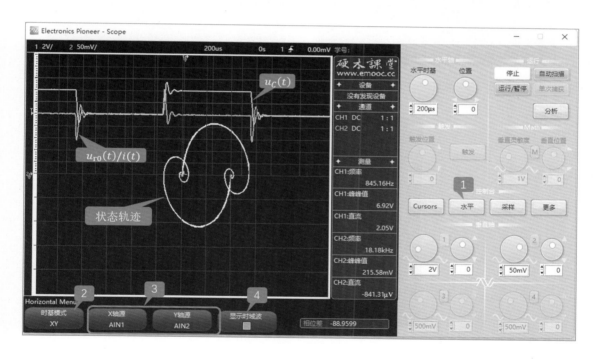

图 3-21　状态轨迹的示波器设置

通过观察,发现此二阶电路处于欠阻尼状态。

如果将图 3-20 中的电阻 R 改为电位器,不断增大其阻值,电路将由欠阻尼→临界阻尼→过阻尼进行转变。

如图 3-21、图 3-22(a)所示,处于欠阻尼状态时,原点处的状态轨迹有振荡产生。当逐渐增大电阻 R 的阻值时,轨迹的振幅会越来越小。当轨迹的振荡幅度刚好为零时,电路处于临界阻尼状态,对应图 3-22(b)。继续增大电阻 R 的阻值,会进入过阻尼状态,对应图 3-22(c)。

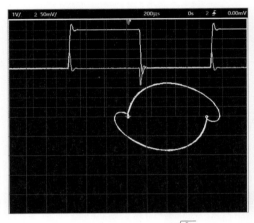
(a) 欠阻尼状态,$R<2\sqrt{\dfrac{L}{C}}$

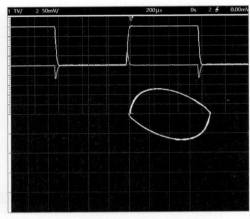
(b) 临界阻尼状态,$R=2\sqrt{\dfrac{L}{C}}$

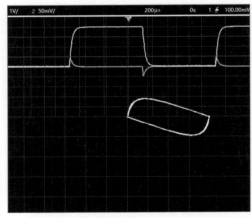
(c) 过阻尼状态,$R>2\sqrt{\dfrac{L}{C}}$

图 3-22　不同阻值时的状态轨迹

实验任务 3-6

结合"实验任务 3-4",参考图 3-20,观测三种状态下的状态轨迹,并完成表 3-6。

表 3-6 不同阻值时的状态轨迹观测表

状态	R/Ω	状态轨迹
欠阻尼	$R<2\sqrt{\dfrac{L}{C}}=(\quad)$	类似图 3-22(a)
临界阻尼	$R=2\sqrt{\dfrac{L}{C}}=(\quad)$	类似图 3-22(b)
过阻尼	$R>2\sqrt{\dfrac{L}{C}}=(\quad)$	类似图 3-22(c)

注意：不要忘记检流电阻与电感的损耗电阻对电路的影响。

第四章

正弦稳态电路分析

一、 实验导读

在稳态电路中,激励源的输出与电路中所有响应(电压和电流)均为具有相同频率的正弦时间函数。本章节将在相同频率这个前提下进行电压、电流的波形测量,并根据这些测量值,将电压、电流从正弦量的表达方式转变为相量,由此理解阻抗、功率等的变化规律。

采用补偿电容的方法来提高感性负载的功率因数,并理解提高功率因数的意义。

二、 实验设备及元器件

表 4-1　实验设备及元器件表

	名称	数量	说明
设备	口袋实验室	1 台	硬木课堂 Lite104 及其附带万用表、信号发生器、示波器
元器件	面包板	1 块	
	电容	若干	1 pF～1 μF 瓷片电容
	电感	若干	1～10 mH 0510 型色环电感
	电阻	若干	10 Ω～50 kΩ E24 系列 1/4 W 金属膜电阻

三、 实验原理及内容

(一) 正弦波的设置与分析

本书在第一章"信号发生器与示波器的使用"一节中就以正弦波为例,介绍了如何使用示波器观测波形,本章将对其进行深入分析。

信号发生器输出一个频率 $f = 50$ Hz,峰峰值 $U_{PP} = 4$ V,直流偏量 $U_{offset} = 0$ V 的正弦

波。用示波器观测如图 4-1 所示。

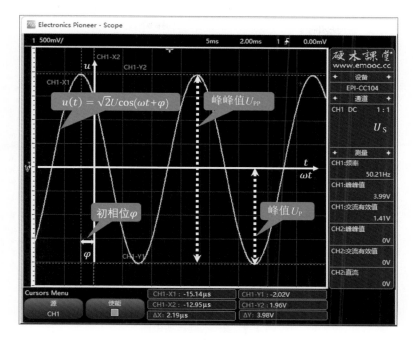

图 4-1　示波器观测正弦波

对于一个正弦电压 $u(t)=\sqrt{2}U\cos(\omega t+\varphi)$，其有效值 U（或均方根 U_{rms}）、峰值 U_{P}（或振幅 U_{m}）、峰峰值 U_{PP}、角频率 ω 有如下关系：

$$U=\frac{U_{\mathrm{PP}}}{2\sqrt{2}},\ U_{\mathrm{PP}}=2U_{\mathrm{P}}$$

$$\omega=2\pi f$$

在图 4-1 中，任意选择一个位置作为初始时刻，通过示波器直接测量可得：

$$U_{\mathrm{PP}}=4\ \mathrm{V},\ U=1.41\ \mathrm{V},\ f=50.2\ \mathrm{Hz},\ \Delta X=2.2\ \mathrm{ms}$$

间接推导可得：

初相位 $\qquad\qquad \varphi=\Delta X\cdot f\cdot 360°=\dfrac{\Delta X}{T}\cdot 360°=39.8°$

由此可得：

$$u(t)=\sqrt{2}U\cos(\omega t+\varphi)=2\cos(315t+39.8°)$$

（二）稳态电路的物理量测量

如图 4-2 所示，本节采用激励源输出 $U_{\mathrm{SPP}}=4\ \mathrm{V}$，频率 50 Hz 的正弦信

4-1　正弦稳态电路中的物理量测量

号,元件参数为 $R = 10\,\mathrm{k\Omega}, C = 1\,\mu\mathrm{F}$。 其接线方式与第三章图 3-5 相同,用示波器 AIN1 通道观测激励源波形,用 AIN2 通道观测电容上电压波形。其中需要将激励源由方波改为正弦波。

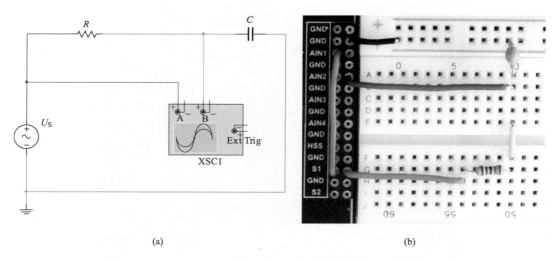

(a)　　　　　　　　　　　　　(b)

图 4-2　*RC* 串联稳态电路

1. 电压、电流的测量

采用交流毫伏表、万用表、示波器均可对正弦稳态电路进行测量。这里将根据现有硬木课堂设备进行说明。

万用表交流挡可以测量频率范围在 $15\sim1\,500\,\mathrm{Hz}$ 的电压、电流有效值。其测量方法与第一章直流电压、电流测量类似,本章不再赘述。

如图 4-3 所示为用示波器测量得到的 *RC* 电路中激励源 $u_S(t)$、电容电压 $u_C(t)$、电阻电压 $u_R(t)$ 的波形。其中,激励源 $u_S(t)$、电容电压 $u_C(t)$ 的有效值可以直接从测量栏读出,分别为 $U_S = 1.41\,\mathrm{V}$,$U_C = 0.42\,\mathrm{V}$。 而电阻电压使用示波器上的"Math"函数功能得到:$u_R(t) = u_S(t) - u_C(t)$,通过游标读出 $U_{RPP} = \Delta Y = 3.77\,\mathrm{V}$,$U_R = \dfrac{U_{PP}}{2\sqrt{2}} = 1.33\,\mathrm{V}$。

整个回路电流的有效值为 $I = \dfrac{U_R}{R} = 133\,\mu\mathrm{A}$。 具体测量方法在第一章、第三章中已有说明,本章不再赘述。

2. 周期、频率及相位差的测量

在如图 4-3 所示的示波器测量栏中可以直接读出周期 $T = 19.6\,\mathrm{ms}$,频率 $f = 51\,\mathrm{Hz}$。

对于激励源 $u_S(t)$ 和电容电压 $u_C(t)$ 的相位差,则可以在示波器的测量栏任选一行,点击鼠标右键,根据菜单提示直接测得,如图 4-4 所示。

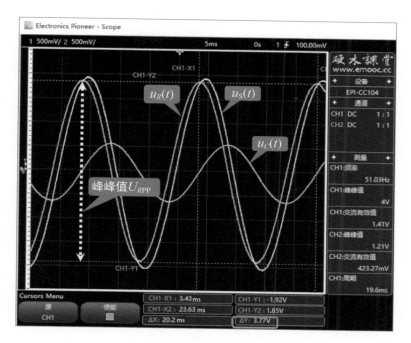

图 4-3　*RC* 电路各电压波形

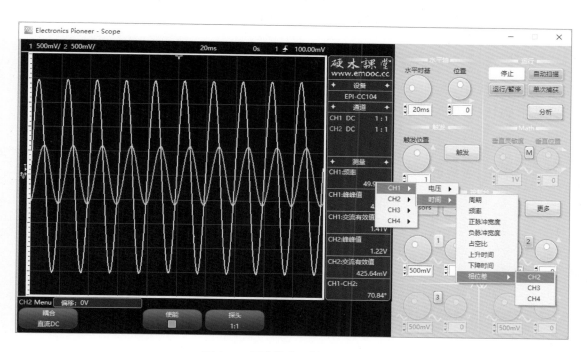

图 4-4　示波器中测量相位差设置

使用该方法获取两个波形的相位差的前提是调大"水平时基",让示波器能够获取足够多的采样数据。这将造成示波器屏幕上波形显示密集,不易观察波形的变化情况。因此可以如图 4-5 所示,调小"水平时基",使用游标进行测量。

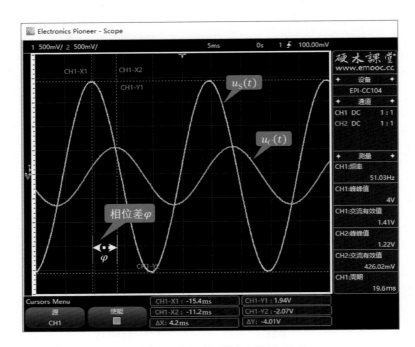

图 4-5 示波器中用游标测量相位差

在图 4-5 中,拖动纵向游标,让"CH1-X1"与激励源 $u_S(t)$ 的波形峰值相交,"CH1-X2"与"CH1-X1"最近的一个 $u_C(t)$ 波形峰值相交,读出二者之间的时间差:

$$\Delta T = \Delta X = \text{“CH1-X2”} - \text{“CH1-X1”}$$

计算出二者的相位差:

$$\varphi = \frac{\Delta T}{T} \cdot 360° = \Delta T \cdot f \cdot 360° = 77.1°$$

综合使用示波器,测得 RC 电路有如表 4-2 所示的基本测量数据。

表 4-2 正弦稳态 RC 电路测量数据表

元件参数		激励源:正弦波		测量值				相位关系	
$R/\text{k}\Omega$	$C/\mu\text{F}$	U_{SPP}/V	f/Hz	U_S/V	U_C/V	U_R/V	$I/\mu\text{A}$	u_S 滞后 i	u_S 超前 u_C
10	1	4	50	1.41	0.42	1.33	133	17.1°	77.1°

实验任务 4-1

参考表 4-2 的示例,设计正弦稳态 RC 电路,使用示波器观测激励源及电容、电阻上的电压,对波形图进行截屏,并完成表 4-3。

表 4-3 正弦稳态 RC 电路测量数据表

元件参数		激励源:正弦波		测量值				相位关系	
$R/\text{k}\Omega$	$C/\mu\text{F}$	U_{SPP}/V	f/Hz	U_S/V	U_C/V	U_R/V	$I/\mu\text{A}$	u_S 滞后 i	u_S 超前 u_C
波形图				类似图 4-5					

(三) 稳态电路的基本分析

1. 正弦量分析

通过对稳态电路的测量,获取了各个电压的有效值,角频率能够通过周期或频率换算得到,波形之间的相位差则通过游标测得。通过数值写出各个电压波形的正弦量表达式。

把激励源 u_S、电流 i、电容电压 u_C 的初相位分别设为 φ_S、φ_i、φ_C。令 RC 电路中电流或电阻上的电压波形初相位 $\varphi_i = 0°$,有:

$$u_R(t) = \sqrt{2}U_R\cos(\omega t + \varphi_i) = \sqrt{2}U_R\cos(\omega t)$$

$$i(t) = \sqrt{2}I\cos(\omega t + \varphi_i) = \sqrt{2}\frac{U_R}{R}\cos(\omega t)$$

以此为基础,在图 4-6 中,采用电流初相位为 0°设定坐标原点。

图 4-6 中,电流与激励源电压的相位差为 φ_1、与电容电压的相位差为 φ_2。 由此可得:

$$u_S(t) = \sqrt{2}U_R\cos(\omega t + \varphi_S) = \sqrt{2}U_R\cos(\omega t - \varphi_1)$$

$$u_C(t) = \sqrt{2}U_C\cos(\omega t + \varphi_C) = \sqrt{2}U_C\cos(\omega t - \varphi_2)$$

特别说明,图 4-6 是"u_R 与 u_S 相位差图"与"u_R 与 u_C 相位差图"两张图合并而成。根据图 4-6 所测数据,可得 RC 电路上电压、电流的正弦量表达式,如表 4-4 所示。

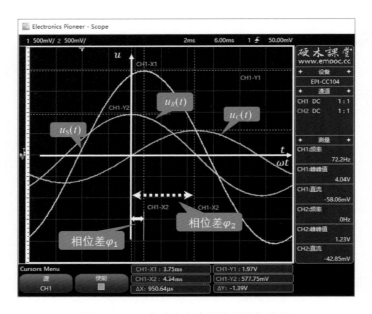

图 4-6　*RC* 电路中各电压波形及相位差

表 4-4　正弦稳态 *RC* 电路测量量与正弦量表达式示例

信号发生器设置：正弦波，$U_{SPP} = (4)$ V，$f = (50)$ Hz			
RC 电路参数：$R = (10)$ kΩ，$C = (1)$ μF			
选取：（电流 i）初相位为零			

	有效值	时间差	初相位	正弦量表达式
u_S	1.41 V	0.95 ms	$-17.1°$	$u_S(t) = 1.98\cos(314t - 17.1°)$ V
i	0.13 mA	0	0	$i(t) = 0.18\cos(314t)$ mA
u_R	1.33 V	0	0	$u_R(t) = 1.88\cos(314t)$ V
u_C	0.43 V	4.79 ms	$-86.2°$	$u_C(t) = 0.61\cos(314t - 86.2°)$ V

波形图

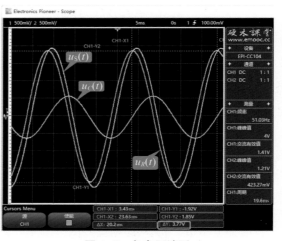

图 4-7　各电压波形

实验任务 4-2

参考表 4-4 的示例,设计正弦稳态 RC 电路,使用示波器观测激励源及电容、电阻上的电压,对波形图进行截屏,并完成表 4-5。

表 4-5 正弦稳态 RC 电路测量量与正弦量表达式

信号发生器设置:正弦波,$U_{SPP} = ($　　　　$)$ V,$f = ($　　　　$)$ Hz

RC 电路参数:$R = ($　　　　$)$ kΩ,$C = ($　　　　$)$ μF

选取:(　　　　)初相位为零

	有效值	时间差	初相位	正弦量表达式
u_S				
i				
u_R				
u_C				
波形图		类似图 4-7		

2. 相量分析

根据上述正弦量的分析,转换为相量形式。具体如下:

$$u_R(t) = \sqrt{2}U_R\cos(\omega t + \varphi_i) \quad \rightarrow \quad \dot{U}_R = U_R\angle\varphi_i$$

$$i(t) = \sqrt{2}I\cos(\omega t + \varphi_i) \quad \rightarrow \quad \dot{I} = I\angle\varphi_i$$

$$u_S(t) = \sqrt{2}U_S\cos(\omega t + \varphi_u) \quad \rightarrow \quad \dot{U}_S = U_S\angle\varphi_u$$

$$u_C(t) = \sqrt{2}U_C\cos(\omega t + \varphi_{uc}) \quad \rightarrow \quad \dot{U}_C = U_C\angle\varphi_{uc}$$

RC 电路中电压、电流的相量表达式如表 4-6 所示,相量图如图 4-8 所示。

表 4-6 电压、电流相量示例

正弦量表达式	相量表达式
$u_S(t) = 1.98\cos(314t - 17.1°)$ V	$\dot{U}_S = 1.41\angle -17.1°$ V
$i(t) = 0.18\cos(314t)$ mA	$\dot{I} = 0.13\angle 0°$ mA
$u_R(t) = 1.88\cos(314t)$ V	$\dot{U}_R = 1.33\angle 0°$ V
$u_C(t) = 0.61\cos(314t - 86.2°)$ V	$\dot{U}_C = 0.43\angle -86.2°$ V

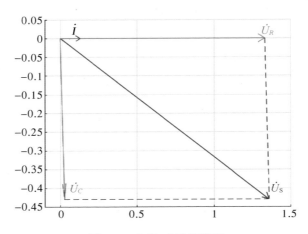

图 4-8 电压、电流相量图

结合电路中元件参数及激励源角频率 ω，得到各元件的阻抗：

$$\begin{cases} Z_R = R \\ Z_C = -\mathrm{j}\dfrac{1}{\omega C} \\ Z_L = \mathrm{j}\omega L \end{cases}$$

把图 4-2 看作一个不含独立源的一端口网络 N，其端口电压相量为 $\dot{U}_S$，电流相量为 $\dot{I}$，该端口的阻抗为：

$$Z = \frac{\dot{U}_S}{\dot{I}} = \frac{U_S}{I} \angle (\varphi_u - \varphi_i) = \frac{U_S}{I} \angle \varphi_Z$$

其中，阻抗模 $|Z| = \dfrac{U_S}{I}$，阻抗角 $\varphi_Z = \varphi_u - \varphi_i$。

表 4-7 电路阻抗关系示例

利用给定元件参数推导电路阻抗	$Z = R + \mathrm{j}X = (10 - \mathrm{j}3.18)\ \mathrm{k}\Omega,\ \|Z\| = \sqrt{R^2 + X^2} = 10.5\ \mathrm{k}\Omega$
利用阻抗公式推导电路阻抗	$R = 10\ \mathrm{k}\Omega$ $X_C = \dfrac{U_C}{I} \angle (\varphi_{uc} - \varphi_i) = \dfrac{0.43}{0.13} \angle (-86.2°) = 3.30 \angle (-86.2°)\ \mathrm{k}\Omega$ $Z = \dfrac{U_S}{I} \angle (\varphi_u - \varphi_i) = \dfrac{1.41}{0.13} \angle (-17.1°) = 10.85 \angle (-17.1°)\ \mathrm{k}\Omega$

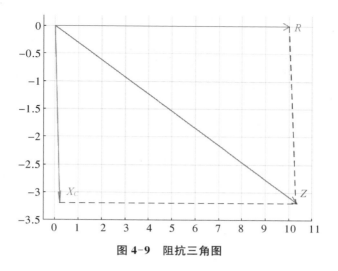

图 4-9 阻抗三角图

实验任务 4-3

根据"实验任务 4-2"的测量给果，完成表 4-8。写出各个电压、电流的相量表达式，并绘制 RC 电路中的电压相量图、阻抗三角。

表 4-8 电压、电流、阻抗的相量

正弦量表达式		相量表达式	
$u_S(t) = ($	$)$ V	$\dot{U}_S = ($	$)$ V
$i(t) = ($	$)$ mA	$\dot{I} = ($	$)$ mA
$u_R(t) = ($	$)$ V	$\dot{U}_R = ($	$)$ V
$u_C(t) = ($	$)$ V	$\dot{U}_C = ($	$)$ V
电压相量图	类似图 4-8		
使用给定元件参数推导电路阻抗	$Z = R + jX = ($ $)$ kΩ, $\|Z\| = \sqrt{R^2 + X^2} = ($ $)$ kΩ		
使用阻抗公式推导电路阻抗	$R = 10$ kΩ $$X_C = \frac{U_C}{I} \angle (\varphi_{uc} - \varphi_i) = (\qquad)\text{ k}\Omega$$ $$Z = \frac{U_S}{I} \angle (\varphi_u - \varphi_i) = (\qquad)\text{ k}\Omega$$		
阻抗三角图	类似图 4-9		

3. 功率分析

对于一端口网络,端口电压、电流分别为U_S、I,有功功率P、无功功率Q、视在功率S定义为:

$$\begin{cases} P = U_S I \cos \varphi_Z \\ Q = U_S I \sin \varphi_Z \\ S = U_S I \end{cases}$$

其中:$S = \sqrt{P^2 + Q^2}$,功率因数$\lambda = \dfrac{P}{S} = \cos \varphi_Z \leqslant 1$。此时,$\varphi_Z$称为功率因数角,也是不含独立源的一端口阻抗角。

复功率定义为:

$$\bar{S} = \dot{U}_S \dot{I}^* = U_S I \angle \varphi_Z$$

实验任务 4-4

根据"实验任务 4-2、4-3"测量和计算所得结果,完成表 4-9。

表 4-9   正弦稳态 RC 电路功率表

U_S	I	R	X	Z	φ_Z	$\lambda = \cos \varphi_Z$
1.41 V	0.13 mA	10 kΩ	3.18 kΩ	10.5 kΩ	−17.1°	0.95
有功功率 /mW	$P = I^2 R$			$P = UI \cos \varphi_Z$		
	$P = 0.13^2 \times 10 = 0.17$			$P = 1.41 \times 0.13 \cos(-17.1°) = 0.17$		
无功功率 /mVar	$Q = I^2 X$			$Q = U_S I \sin \varphi_Z$		
	$Q = 0.13^2 \times (-3.18) = -0.054$			$Q = 1.41 \times 0.13 \sin(-17.1°) = -0.055$		
视在功率 /(mV·A)	$S = I^2 \lvert Z \rvert$			$S = U_S I$		
	$S = 0.13^2 \times 10.5 = 0.18$			$S = 1.41 \times 0.13 = 0.18$		

实验任务 4-5

以 RC 电路为样例,设计正弦稳态 RL 电路。

(1)使用示波器观测激励源、电感、电阻上的电压,并通过测量数据对 RL 电路进行分析,画出电路电压的相量图。

(2)结合第三章一阶电路知识,比较正弦稳态电路中 RL 电路与 RC 电路的异同。

(3)在设计 RC 电路、RL 电路的过程中,总结激励源参数、电容或电感参数、电阻参数的选取规律。

（四）功率因数的提高

在实际电路中，电能的往复交换将增加系统对电能的消耗，增大系统设备容量。因此在负载侧进行无功补偿提高功率因数，有利于提高设备使用效率、减少线损、改善供电质量。

在日常用电中绝大多数负荷都是感性负载，因此可以将这种情况等效为如图 4-10 所示电源 U_S 与感性负载串联的模型。需要提高用电设备的功率因数时，在该负载侧（即该设备 A、B 两端）并联补偿电容 C。

图 4-11 是一个荧光灯电路实验稳定工作模型（忽略了启辉器）。其激励源 U_S 为有效值 220 V，频率 50 Hz 的正弦交流电，镇流器与灯管串联组成一个呈现感性的 RL 电路。随着补偿电容的变化，通过多功能电量仪或功率表的测量，可以直接读出电压、电流、有功功率、无功功率、视在功率、功率因数，再对电路进行分析。

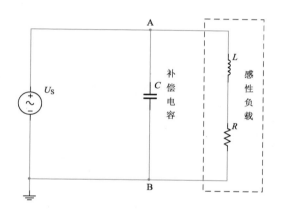

图 4-10　功率因数提高电路模型

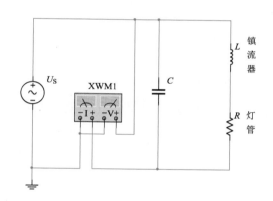

图 4-11　荧光灯电路实验稳定工作模型

而在口袋实验室环境下并未提供功率表，但通过降低激励源电压、提高频率，采用示波器测量的方式一样可以分析 RL 电路并联电容后对功率因数产生的影响。

1. 元件及激励源的设置

针对图 4-10 所示电路，设置合适的元件和激励源参数将有利于对实验的设计、测量与分析。

（1）电感使用注意事项

如图 4-12 所示，真实电感可以等效为一个理想电感 L 与损耗电阻 r_L 的串联再与分布电容 C_L 并联的结构。

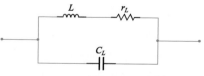

图 4-12　实际电感等效电路

在低频条件下,电容 C_L 相当于开路,真实电感相当于理想电感 L 与损耗电阻 r_L 串联;而高频则受到 C_L 的影响,其真实电感的电感量将比理想电感的电感量要小。

使用 LCR 测试仪对实验中用到的 $1 \sim 10$ mH 0510 型色环电感进行检测,发现真实电感的电感量随着频率增大而减小,其损耗电阻的阻值则随着频率增大而增大。

其中,在 $0 \sim 10$ kHz 频率范围内,电感量与损耗电阻变化幅度不大;而在大于 10 kHz 的范围内,电感量与损耗电阻则波动较大。

因此,使用电感前需要对电感参数及其使用范围有一个初步的预估或测量。若没有 LCR 测试仪,在低频条件下也可以用万用表的欧姆挡测量电感直流时的阻值来代替损耗电阻。

(2) 电阻阻值的选取

硬木课堂口袋实验室的信号发生器有 50 Ω 的内阻抗(其他厂家信号发生器内阻抗也大多为 50 Ω)。所以在电路实验中,信号发生器的负载阻抗要尽可能大于 50 Ω。如图 4-10 所示,要研究的感性负载阻抗 $Z = R + j\omega L$。假设频率为 0 时,$Z = R$,因此 R 的阻值选取建议在 510 Ω 以上。同时,考虑到后期需要方便测量电感上的电压,电阻的分压也不宜过大,所以其阻值的选取要结合电感实际大小进行调配。

(3) 信号发生器的频率设置

随着信号发生器频率增大,电感感抗也随之增大。以 10 mH 电感为例,当频率为 1 kHz、5 kHz、10 kHz 时,感抗分别为 62.8 Ω、314.2 Ω、628.3 Ω。

若信号发生器频率选择 1 kHz,感抗太小,RL 电路中与之匹配的电阻阻值不宜选择过大,因此整个 RL 回路阻抗都不大,不利于波形观测。

而当信号发生器的频率为 10 kHz 时,实测电感量约为 9.3 mH,与电感的标称值有所差异。

从测量方便的角度出发,信号发生器选择 5 kHz 比较合适。

同理,如果选用标称值为 1 mH 的电感,为保证感抗足够,信号发生器频率将大于 10 kHz,而其真实电感量将减小。但电感量因频率改变并不影响下面使用补偿电容提高功率因数的分析。

2. 功率因数提高分析

经过上述分析,考虑到电感损耗电阻 r_L 的存在,可以把图 4-10 修正为图 4-13(a)。图中增加一个检流电阻 r_0。在感性负载 A、B 两端并联不同容值的补偿电容 C,用示波器分别观测电源电压与 r_0 上电压的波形。

当二者波形同相位时,说明对于 A、B 端口,电压、电流相位差 φ_Z 为 0,功率因数为"1"。此时,U_{r_0} 最小,代表着总电流 I 也是最小。

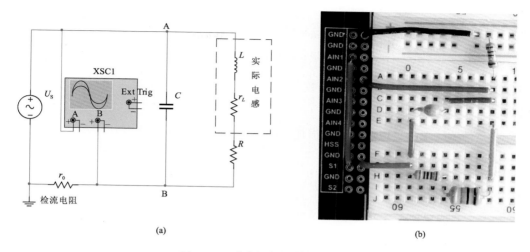

图 4-13 功率因数提高实验电路

3. 补偿电容预估

在实际用电系统中,为了提高功率因数,企业将根据"无功补偿容量计算系数表"设置电容器的容值。电容的无功补偿量一般设置为总功率的 1/3 左右,补偿后的功率因数不得超过 0.98,否则将造成谐振,产生的高压会瞬间损毁设备。

如图 4-13 所示,具体补偿办法如下:

补偿前没有并联电容,有功功率为 $P = I_{RL}^2(R + r_L)$,功率因数角为 φ_{Z_1},功率因数为 $\cos\varphi_{Z_1}$,无功功率 $Q_1 = P \cdot \tan\varphi_{Z_1}$。

补偿后并联上电容,有功功率为 P 不变,流过感性负载的 I_{RL} 不变,功率因数角 φ_{Z_2},功率因数 $\cos\varphi_{Z_2}$,无功功率 $Q_2 = P \cdot \tan\varphi_{Z_2}$。其需要补偿的容量为:

$$Q = P \cdot (\tan\varphi_{Z_1} - \tan\varphi_{Z_2})$$

补偿电容容值:

$$C = \frac{Q}{\omega \cdot U_S^2}$$

而对实验验证来说,需要分析并联补偿电容以后整个电路功率因数的变化情况。现在以补偿后 $\cos\varphi_{Z_2} = 1$ 为目标,对补偿电容进行计算,具体方法如下:

方法一:由有功功率 P 进行推导。

因为工程上可以使用功率表直接算出有功功率,因此该方法结合"无功补偿容量计算系数表"常用于工程应用上。实验中补偿电容计算如下:

因为 $\qquad\qquad \cos\varphi_{Z_2} = 1$ 时 $\tan\varphi_{Z_2} = 0$

所以

$$C = \frac{Q}{\omega \cdot U_S^2} = \frac{P \cdot \tan \varphi_{Z_1}}{\omega \cdot U_S^2}$$

例如图 4-11 中,采用荧光灯、镇流器为感性负载,通过电量仪或功率表可以直接读出有功功率 P 和补偿前后的功率因数角 φ_{Z_1}、φ_{Z_2} 等测量值,从而推导出补偿电容的取值范围。

有条件的情况下可以测量电感损耗电阻 r_L 阻值,有助于提高有功功率 P 的计算精度。其计算式为:

$$P = I_{RL}^2 (R + r_L)$$

注意:在口袋实验室中可以用万用表直接测电感的直流损耗电阻,而在通常用荧光灯做负载的实验中则不能使用万用表测量,这是因为镇流器带电工作时与不工作状态下损耗电阻的阻值因受热不同导致其阻值也不同。

方法二:由无功功率 Q 进行推导。

该方法与方法一比较,同样要提前测出电感量 L 与损耗电阻 r_L,但省略对 I_{RL}、功率因数角 φ_{Z_1}、φ_{Z_2} 的测量步骤。

如图 4-13 所示,在感性负载这条电路上,其无功功率为:

$$Q_L = I_{RL}^2 X_L$$

其中,$I_{RL} = \dfrac{U_S}{(R + r_L + jX_L)}$。

在并联补偿电容这条支路上,其无功功率为:

$$Q_C = \frac{U_S^2}{X_C} = U_S^2 \cdot \omega C$$

提高功率因数的本质是期望通过增加补偿电容来降低整个电路的能量交换,即希望补偿电容上的无功功率能够与电感上的无功功率相互抵消:

$$Q_L + Q_C = 0$$

整理可得:

$$\frac{U_S^2}{(R + r_{RL})^2 + (\omega L)^2} \cdot \omega L = U_S^2 \cdot \omega C$$

$$C = \frac{L}{(R + r_L)^2 + (\omega L)^2}$$

方法三:电感量 L、损耗电阻未知时

如图 4-13 所示,当感性负载这条支路上电感量 L、电感损耗电阻 r_L 以及电阻 R 不易获取,则可以通过直接测出这条 RL 电路中的电压 U_{S}、电流 I_{RL} 及二者的相位差 φ_{RL},再求无功功率 $Q_L = \mathrm{j}U_{\mathrm{S}}I_{RL}\sin\varphi_{RL}$。 重复方法二的步骤:

$$Q_L + Q_C = 0$$
$$U_{\mathrm{S}}I_{RL}\sin\varphi_{RL} = U_{\mathrm{S}}^2 \cdot \omega C$$
$$C = \frac{I_{RL}}{\omega U_{\mathrm{S}}}\sin\varphi_{RL}$$

4. 实验设计步骤

本实验在弱电低电压环境下模拟日常用电中如何进行功率因数的提高。而口袋实验室受信号源输出功率不足的制约,同时考虑到可选用电感成本因素,因此在设计该电路时,可用电感的电感量不宜太大。所以为了体现出 RL 电路有比较明显的感性(接入并联补偿电容后观察功率因数有明显变化),需要增大信号发生器的输出频率。

因此完成该实验前,首先要设定激励源的频率。通过这个频率,再根据采用电感 L 的标称值预估感抗大小。然后选择合适的电阻 R,保证这个 RL 电路的功率因数不大(有加入补偿电容,提高功率因数的空间)。此后再通过电阻 R 与电感的损耗电阻的阻值,设置检流电阻 r_0 的大小。完成这些条件后,才能开始预估补偿电容的大小,并进行功率因数提高实验。

例如:按照图 4-13 所示电路接线,其正弦激励源峰峰值和频率分别设为 8 V 和 5 kHz,电阻 R、检流电阻 r_0、电感 L 分别设置为:510 Ω、10 Ω、10 mH,得到表 4-10 所示的测量数据。

表 4-10　功率因数的提高示例表

给定条件									
激励源 $U_{\mathrm{PP}} = 8$ V, $f = 5$ kHz				$R = 510\ \Omega$, $r_0 = 10\ \Omega$, $L = 10$ mH					
测量值									
	C/nF	$\lambda = \cos\varphi_Z$		$\varphi_Z/°$	U/V	I/mA	I_{RL}/mA	I_C/mA	P/mW
补偿前	0	$\lambda < 0.9$	0.87	28.7	2.67	3.91	3.96	0	9.15
补偿后	小 ↓ 大	1	$\lambda < 0.9$	0.89	27	2.67	3.83	3.96	0.08	9.07
		22	$0.9 < \lambda < 1$	0.99	-1.4	2.67	3.47	3.94	1.84	9.26
		47	$\lambda < 0.9$	0.87	-29.5	2.66	4.15	3.89	3.90	9.60

由表 4-10 可以看出随着补偿电容容值不断增大,其功率因数从 0.87 上升到 0.99,然后再逐渐减小,而感性负载电路的有功功率、电流均保持不变。

在电容改变这个过程中,使用示波器 CH1、CH2 通道分别观察激励源电压波形与检流电阻电压波形。当选用 22 nF 的电容后,这两个波形基本重合,相位差基本为 0。这里要注意,表中选用的 1 nF、22 nF、47 nF 只是电容的标称值,实际电容使用大小以实测电路为准。

实验任务 4-6

如图 4-13 所示,自定义激励源及各元件参数,设计一个 RL 串联的感性负载电路,通过对该电路并联电容进行无功补偿。参考表 4-10 的示例,完成表 4-11。

表 4-11 功率因数的提高

激励源	$U_{PP}=($ $)$ V, $f=($ $)$ kHz		$R=($ $)$ Ω, $r_0=($ $)$ Ω, $L=($ $)$ mH					
	C/nF	$\lambda=\cos\varphi_Z$	$\varphi_Z/°$	U/V	I/mA	I_{RL}/mA	I_C/mA	P/mW
补偿前	0	$\lambda<0.9$						
补偿后	小 ↓ 大	$\lambda<0.9$						
		$0.9<\lambda<1$						
		$\lambda<0.9$						

第五章
电路的频率特性分析

一、 实验导读

不同于上一章的稳态电路分析,本章中电路的正弦激励幅值保持不变,通过改变激励源频率,分析电路内部工作状态与输出的变化,也就是电路的频率特性。

本章以 RC 电路、RLC 串联电路为研究对象,使用示波器、波特仪等测量工具观测、分析不同频率下电路的频率特性。

了解滤波电路的选频特性和滤波效果,当电源为方波信号时,使用滤波电路获取方波的奇次谐波。

二、 实验设备及元器件

表 5-1　实验设备及元器件表

	名称	数量	说　　明
设备	口袋实验室	1 台	硬木课堂 Lite104 及其附带信号发生器、示波器、波特仪
元器件	面包板	1 块	
	电容	若干	1~1 μF 50 V 独石电容
	电感	若干	1~10 mH 0510 型色环电感
	电阻	若干	100 Ω~50 kΩ E24 系列 1/4 W 金属膜电阻

三、 实验原理及内容

上一章的实验都是在固定频率下进行分析,而工程应用中激励源频率常有变化,电路中的感抗、容抗也跟随频率而变化。本章中的实验将分析这种变化规律,研究电路中的频率响应。

（一）RC 电路的频率特性分析

本节采用激励源为 $U_{SPP}=4$ V 的正弦信号，元件参数为 $R=10$ kΩ，$C=1$ μF 的 RC 电路作为实验对象，按图 5-1 搭接电路。其接线方式与第三章图 3-5、第四章图 4-2 相同，用示波器 AIN1 通道观测激励源输出的正弦信号，用 AIN2 通道观测电容上的电压波形。因为后面实验内容要用波特仪来观测频率特性，所以此处选用"HSS"高速通道端口作为电路的激励源。

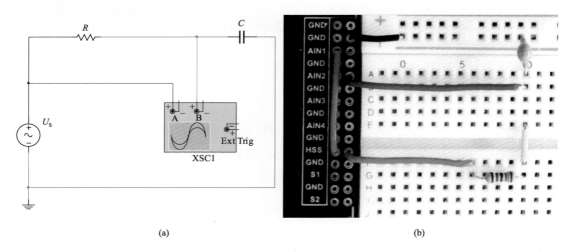

(a)　　　　　　　　　　　(b)

图 5-1　RC 电路

将可变频的正弦激励源 $\dot{U}_S$ 作为输入电压 $\dot{U}_I$，电容上电压 $\dot{U}_C$ 作为输出电压 $\dot{U}_O$，研究二者之间频率变化的关系，用网络函数表示为

$$H(\mathrm{j}\omega)=\frac{\dot{U}_O}{\dot{U}_I}=\frac{\dot{U}_C}{\dot{U}_S}=\frac{\dfrac{1}{\mathrm{j}\omega C}}{R+\dfrac{1}{\mathrm{j}\omega C}}=\frac{1}{1+\mathrm{j}\omega RC}$$

其中 $\omega_0=\dfrac{1}{RC}$，称为网络固有频率或自然频率，则有

$$H(\mathrm{j}\omega)=\frac{1}{1+\dfrac{\mathrm{j}\omega}{\omega_0}}=\frac{1}{\sqrt{1+\left(\dfrac{\omega}{\omega_0}\right)^2}}\angle\left[-\arctan\left(\frac{\omega}{\omega_0}\right)\right]$$

设 $\dot{U}_I=U_I\angle 0°=U_S\angle 0°$ V，则网络函数为

$$H(\mathrm{j}\omega)=\frac{1}{\sqrt{1+\omega^2 R^2 C^2}}\angle(-\arctan\omega RC)$$

网络函数的模与频率的关系称为幅频特性

$$|H(\mathrm{j}\omega)| = \frac{1}{\sqrt{1 + \omega^2 R^2 C^2}}$$

网络函数的幅角与频率的关系称为相频特性

$$\varphi(\omega) = \angle H(\mathrm{j}\omega) = \varphi_\mathrm{o} - \varphi_\mathrm{i} = -\arctan \omega RC$$

当 $\omega = 0$ 时，$|H(\mathrm{j}\omega)| = 1$，$\angle H(\mathrm{j}\omega) = 0$，输出电压 $\dot{U}_C$ 与输入电压 $\dot{U}_S$ 相比，增益为 1，相位相同。

当 $\omega = \omega_0 = \dfrac{1}{RC}$ 时，$|H(\mathrm{j}\omega)| = \dfrac{U_\mathrm{O}}{U_\mathrm{I}} = \dfrac{1}{\sqrt{2}} = 0.707$，$\angle H(\mathrm{j}\omega) = -45°$，输出电压 $\dot{U}_C$ 与输入电压 $\dot{U}_S$ 相比，增益为 0.707，$\dot{U}_C$ 比 $\dot{U}_S$ 滞后 45°。工程技术中认为输出电压幅值大于 0.707 倍输入电压时，该滤波器导通，否则截止。这时候的角频率称为截止频率 ω_C，也称为半功率频率。

当 $\omega = \infty$ 时，$|H(\mathrm{j}\omega)| = 0$，$\angle H(\mathrm{j}\omega) = -90°$，输出电压 $\dot{U}_C$ 与输入电压 $\dot{U}_S$ 相比，增益为 0，$\dot{U}_C$ 比 $\dot{U}_S$ 滞后 90°。

下面将通过实验对 RC 电路进行分析。

1. 波特仪的使用

在如图 5-2 所示的硬木课堂主界面上点击"Bode"按钮，打开如图 5-3 所示的波特仪界面。

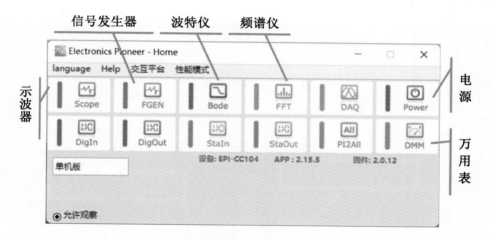

图 5-2　硬木课堂主界面

根据实际电路参数，选择合适的激励源幅值与频率扫描范围。为方便将示波器测量结果与波特仪测量的数据进行对比，本章介绍 RC 电路中的电阻、电容参数与上一章"稳态电路的物理量测量"一节中的参数保持一致，设置激励源峰峰值为 4 V，起止频率分别为 1 Hz、1 kHz，启动波特仪，生成图 5-4 所示频率特性曲线。当波特仪扫频稳定后，拖动游标，分别观测电压增益为 0.707(或 −3 dB)与 50 Hz 频率的测量读数。

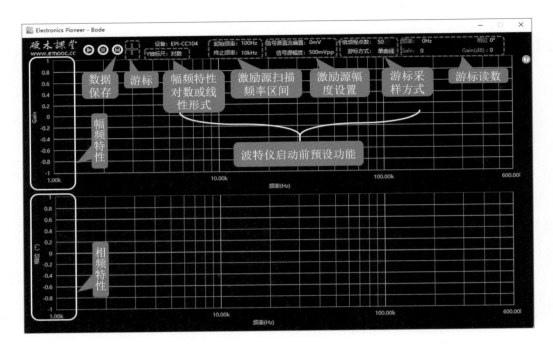

图 5-3 波特仪界面

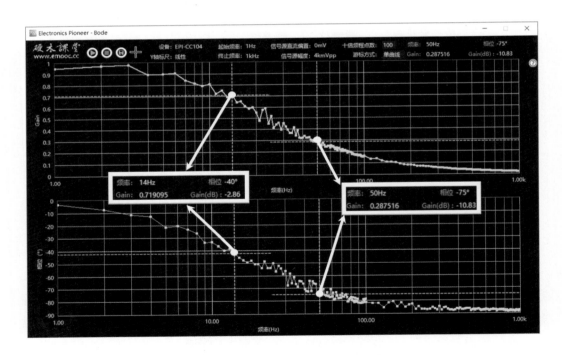

图 5-4 *RC* 电路频率特性曲线

2. 波特图分析

如图 5-4 所示,输入电压幅值设定好后,在幅频特性曲线中,随着频率增加,输出电压幅值递减;而由相频特性曲线可见,随着频率增加,输出电压相位由 0°减小至−90°。从这个波特图中反映出整个电路呈现出电容特性。下面将通过波特图中某一个具体频率上幅频、相频数据对电路进行分析比对。

(1)固定频率测量

回顾上一章"稳态电路的物理量测量"一节的内容,当正弦激励源为峰峰值 4 V,频率为 50 Hz 时,用示波器观测 RC 电路,得到图 4-4 所示 u_S、u_C 波形。其所测数据与图 5-4 所示频率特性曲线在 50 Hz 条件下所测数据基本保持一致。

表 5-2 是 RC 电路在 50 Hz 频率分别采用理论计算、波特仪测量、示波器测量所得数据对比:

表 5-2　U_S 与 U_C 数据对比

	$U_{SPP} = 4\,V$, $R = 10\,k\Omega$, $C = 1\,\mu F$, $\dot{U}_I = U_S\angle 0°\,V$				
	f/Hz	U_S/V	U_C/V	$A = U_C/U_S$	$\dot{U}_S$ 超前$\dot{U}_C$
理论计算	50	1.41	0.42	0.30	−72.3°
波特仪测量	50	1.41	0.41	0.29	−75.0°
示波器测量	50	1.41	0.42	0.30	−75.6°

(2)截止频率测量

如图 5-4 所示,将游标从低频向高频拖动,直至电压增益降至 0.707(对数−3 dB)时,记录此时频率为截止频率,如表 5-3 所示。

表 5-3　RC 电路截止频率

	$U_{SPP} = 4\,V$, $R = 10\,k\Omega$, $C = 1\,\mu F$				
参数	f_C/Hz	U_S/V	U_C/V	$A = U_C/U_S$	$\dot{U}_S$ 超前$\dot{U}_C$
理论计算	15.9	1.41	1.00	0.71	−45°
波特仪测量	14	1.41	1.04	0.72	−40°

使用波特仪的过程中,游标未必能够恰好与 0.707 的电压增益重合,以图 5-4 为例,在测量中,当频率为 14 Hz 时,增益为 0.719;当频率为 15 Hz 时,增益为 0.705。这两组数据进行对比,后者的增益更接近 0.707。但是由于截止频率要求增益大于 0.707(或−3 dB),15 Hz 不满足该要求,因此截止频率要选择 14 Hz。

所以,该 RC 电路可以设计成一个截止频率为 14 Hz,通频带为 0~14 Hz 的低通滤波器。

实验任务 5-1

设计 RL 电路，电阻 R 上的电压作为输出。通过波特仪观测该电路电阻电压的幅频、相频特性曲线，并完成表 5-4。从对偶原理出发，考虑 RC 电路与 RL 电路的关系。

表 5-4　RL 电路截止频率

$U_{\mathrm{SPP}} = ($　　　$)$ V, $R = ($　　　$)$ Ω, $L = ($　　　$)$ mH					
电流频率特性 $H(\mathrm{j}\omega) = \dfrac{\dot{U}_R}{\dot{U}_S}$	频率特性曲线（类似图 5-4）				
	f_{c}/Hz	U_{S}/V	U_R/V	$A = U_R/U_S$	$\dot{U}_S($　$)\dot{U}_R$
理论计算					
波特仪测量					

（二）RLC 串联谐振电路数据测量

包含电容、电感、电阻元件的无源一端口网络，在某一特定频率（谐振频率）时，其端口电压与电流同相，此电路称为谐振电路。

5-1　RLC 串联谐振电路

本节将按图 5-5 进行接线，采用激励源为 $U_{\mathrm{SPP}} = 4$ V 的正弦信号，元件参数 $R = 100\ \Omega$、$C = 47\ \mathrm{nF}$、$L = 10\ \mathrm{mH}$ 的 RLC 串联电路为研究对象，分析该电路的频率特性。

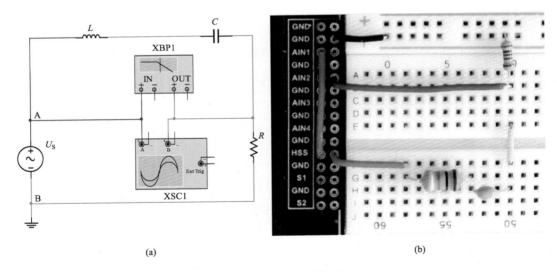

(a)　　　　　　　　　　(b)

图 5-5　RLC 串联电路

可变频的正弦激励源 $\dot{U}_\text{S}$ 作为输入电压 $\dot{U}_\text{I}$，电阻上的电压 $\dot{U}_R$ 作为输出电压 $\dot{U}_\text{O}$，研究二者之间频率变化的关系，用网络函数进行表示：

$$H(\text{j}\omega) = \frac{\dot{U}_\text{O}}{\dot{U}_\text{I}} = \frac{\dot{U}_R}{\dot{U}_\text{S}} = \frac{R}{R + \text{j}\left(\omega L - \dfrac{1}{\omega C}\right)}$$

其幅频特性与相频特性分别为：

$$|H(\text{j}\omega)| = \frac{1}{\sqrt{1 + \dfrac{1}{R^2}\left(\omega L - \dfrac{1}{\omega C}\right)^2}} = \frac{1}{\sqrt{1 + Q^2\left(\dfrac{\omega}{\omega_0} - \dfrac{\omega_0}{\omega}\right)^2}}$$

$$\varphi(\omega) = -\arctan Q\left(\frac{\omega}{\omega_0} - \frac{\omega_0}{\omega}\right)$$

其中，ω_0 为谐振角频率，$\omega_0 = \dfrac{1}{\sqrt{LC}}$；$Q$ 为品质因数，$Q = \dfrac{\omega_0 L}{R} = \dfrac{1}{\omega_0 CR} = \dfrac{1}{R}\sqrt{\dfrac{L}{C}}$；$\omega_\text{C}$ 为截止频率：$\omega_\text{C} = \omega_0\left(\pm\dfrac{1}{2Q} + \sqrt{\dfrac{1}{4Q^2} + 1}\right)$

这两个截止频率之间的频率范围称为通带，其电压增益大于 0.707。上限截止频率 ω_C2 与下限截止频率 ω_C1 之差称为通带宽度 $\Delta\omega$，与品质因数 Q 有如下关系：

$$\Delta\omega = \omega_\text{C2} - \omega_\text{C1} = \frac{\omega_0}{Q}$$

下面将通过实验对 RLC 串联电路进行分析。

1. 谐振频率的确认

根据采用的电感、电容参数，计算 RLC 电路理论下的谐振频率：

$$f_{0\text{理论}} = \frac{1}{2\pi\sqrt{LC}} = 7.34\ \text{kHz}$$

以 $f_{0\text{理论}}$ 计算大小为依据，信号发生器选择合适的起始频率与终止频率，配合使用多种测量方法获取实际电路中的谐振频率 f_0。

（1）示波器的测量

如图 5-5 所示，分别用示波器两个通道观测信号发生器的输出波形与电阻上的电压波形。信号发生器起始频率选择 $0.8 \cdot f_{0\text{理论}} \sim 0.9 \cdot f_{0\text{理论}}$ 后，逐步增大信号发生器频率，示波器观测波形将由图 5-6(a)向图 5-6(b)谐振频率发生时转变。

图 5-7 是图 5-6(a)、(b)示波器面板测量栏的放大图。CH1、CH2 通道分别测量信号发生器的输出电压 U_S 与 RLC 电路中电阻电压 U_R。

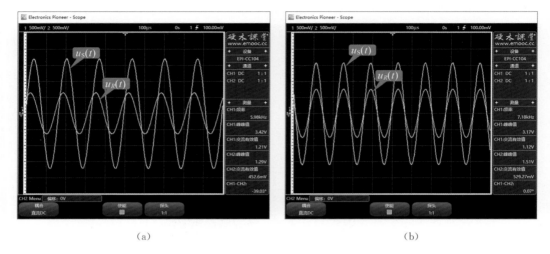

（a）　　　　　　　　　　　　　　　（b）

图 5-6　不同频率下信号发生器输出波形与电阻电压波形

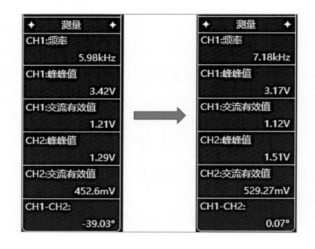

图 5-7　不同频率下信号发生器输出波形与电阻电压波形的测量值

通常，谐振频率有以下几种判断方法：

• 通过相位差判断

观察图 5-6 的波形与图 5-7 中与该波形对应的测量值。可以发现，随着信号发生器频率的递增，图 5-6(b)中信号发生器的输出电压 $u_S(t)$（或 RLC 电路端口电压）与电阻电压 $u_R(t)$ 波形相位重合，图 5-7 中"CH1 − CH2 = 0.07°"，此时相位差接近为 0°，其所对应的频率 7.18 kHz 就是该电路的实际谐振频率。

• 通过电阻电压 U_R 判断

使用与相位差判断谐振频率相同的方法，将关注点聚焦在电阻电压 U_R 上。通过从小到大不断调节信号发生器的频率,在示波器的 CH2 通道观察到 U_R 上的电压会从小变大再变小,当 U_R 电压最大时,此时的频率就是谐振频率。

• 通过电路端口电压 U_{AB} 判断

如果把关注点聚焦在 RLC 串联电路端口电压 U_{AB}（即信号发生器输出电压）上,则有另外一种判断谐振的方法。

先从图 5-7 中测量数据变化入手:

当频率为 5.98 kHz 时,示波器 CH1 通道测得 $U_{AB1} = 1.21$ V;当频率为 7.18 kHz 时,测得 $U_{AB0} = 1.12$ V。 端口电压 U_{AB} 变小是因为电路中电阻 R（100 Ω）的阻值与信号发生器的内阻抗 r_0（50 Ω）相差不大所造成的。

为了更好地解释这个原因,把图 5-5 中对应的 RLC 串联电路等效成图 5-8 中一个阻抗为 Z 的元件。随着信号发生器的频率趋近于谐振频率,元件 Z 的阻抗将变得越来越小,直至谐振点时,元件 Z 的阻抗最小。 由此可以判断此时元件 Z 从 U_S 分到的电压 U_Z 也是最小的,而这个 U_Z 也就是示波器测量的 RLC 串联电路的端口电压 U_{AB}。

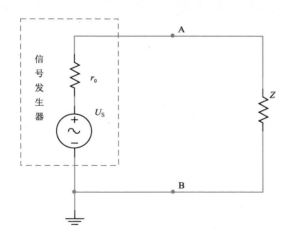

图 5-8 考虑信号发生器内阻的电路模型

因此,在信号发生器中先设置好激励源输出电压 U_S,再逐步调节信号发生器频率,观测到端口电压 U_{AB}（信号发生器输出电压）最小后,记录此时的频率就是该电路的谐振频率。

（2）波特仪测量

保持图 5-5 接线方式不变,使用波特仪进行扫频,激励源幅值保持不变,起始频率 1 kHz,终止频率 100 kHz,测量得到如图 5-9 所示的频率特性曲线。

在图 5-9 中移动游标,保证相位尽可能为 0°,当电压增益最大时,此时测到的频率为谐振频率。

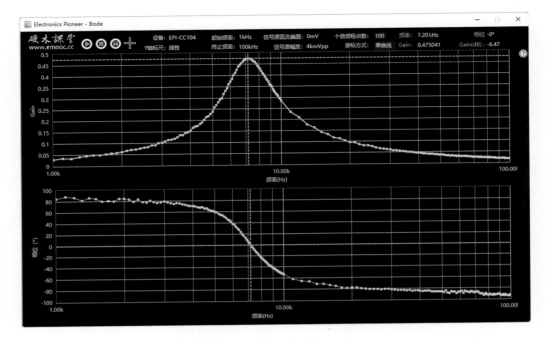

图 5-9　电阻元件的频率特性曲线($R = 100\ \Omega$)

2. 示波器的观测

上述激励源内阻、元件自身特性造成的误差并不影响 RLC 电路的总体特性。因此，随着信号发生器频率从低到高逐步调节，在表 5-5 所示波形图中反映出 RLC 串联电路的特性，逐渐由低频时的容性过渡到谐振频率的阻性，最终变为感性。

3. 波特仪的观测

在上一小节中我们发现，示波器只能在固定频率下观察电路中的响应，若要分析整个电路的频率响应特性其明显不如波特仪便捷。所以，本小节对电路的频率特性分析均是以波特仪采集的数据为准。

再次观察为查找谐振频率的表 5-5，其所测得的幅频特性曲线的最大电压增益为 0.48，这意味着该电路的电压增益 $|H(\mathrm{j}\omega)| < 0.707$，说明该电路在任何频率下的输出信号均被抑制。因此，将 RLC 串联电路电阻 R 由原来的 $100\ \Omega$ 替换为标称阻值为 $1\ \mathrm{k}\Omega$ 的电阻，让输出端分到的电压更高。再重新扫描得到的新波特图如图 5-10 所示。

此时拖动游标观测图 5-10，$f_0 = 8\ \mathrm{kHz}$ 时，其电压增益最大为 $A = 0.911$，输入电压与输出电压同相。

其后在谐振频率左右拖动游标，让电压增益 $A = 0.707$，记录此时的截止频率，即为下限截止频率 f_{C1} 与上限截止频率 f_{C2}。确定该电路的带宽为：

$$\Delta f = f_{C2} - f_{C1}$$

表 5-5　*RLC* 串联电路特性

频率	端口电压、电流(电阻电压)波形图	电路特性	相位关系
$f < f_0$	 (a)	容性	电压滞后于电流
$f = f_0$	 (b)	阻性	电压电流同相
$f > f_0$	 (c)	感性	电压超前于电流

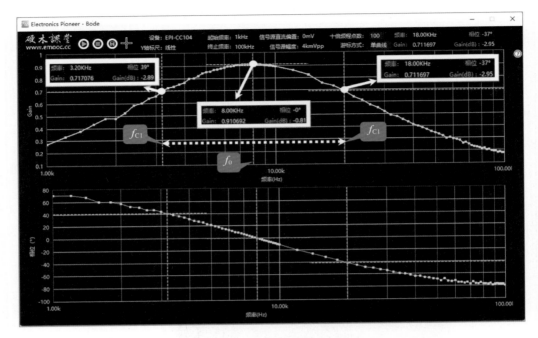

表 5-10　电阻元件的频率特性曲线($R=1\ \text{k}\Omega$)

考虑到口袋实验室设备未必能准确采样到增益 0.707 的位置,所以选择最接近并大于 0.707 的点,再选择该点对应位置为截止频率。此时测得图 5-11 的带宽为 $\Delta f = 18\ \text{kHz} - 3.2\ \text{kHz} = 14.8\ \text{kHz}$,该值将略小于理论计算。

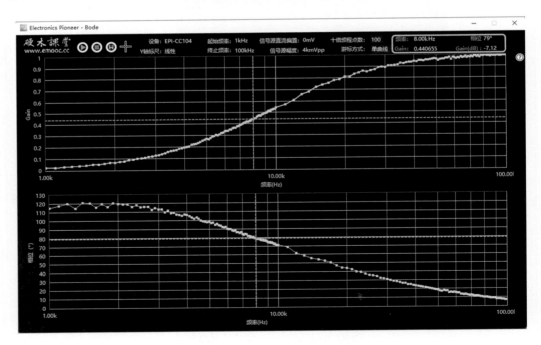

图 5-11　电感元件的频率特性曲线

同样,改变 RLC 电路接线位置,把电感、电容上的电压作为输出电压,使用相同的方法用波特仪进行频率扫描得到如图 5-11 所示的电感元件的频率特性曲线与图 5-12 所示的电容元件的频率特性曲线。

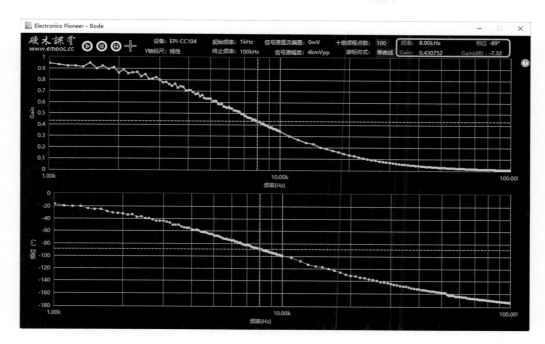

图 5-12　电容元件的频率特性曲线

4. 电阻阻值选取分析

对于要完成本实验的初学者来说,会发现在谐振频率处,因为选择不同电阻参数所得数值与理论推导值会有很大偏差。因此,下面将分析 RLC 串联电路谐振时,使用相同电感、电容,而选取不同电阻阻值时产生的偏差。

（1）电阻 R 阻值过小（与激励源内阻抗相差不大）

通过观测发现,示波器测量的信号发生器端口电压与实际设置电压不相等;波特仪测量到的电压增益与理论推导不符合。对于这些现象,可以用图 5-6、图 5-7、图 5-9 测量到数据为例进行分析。

信号发生器设置 $U_{SPP}=4\text{ V}$, $U_S=1.41\text{ V}$, $f_0=7.2\text{ kHz}$,电阻 $R=100\ \Omega$,激励源内阻抗 $r_0=50\ \Omega$, LCR 测试仪测得 10 kHz 时电感损耗电阻 $r_L=86\ \Omega$。

通过示波器测量到 RLC 串联电路端口电压: $U_I=U_{AB}=1.12\text{ V}$;电阻 R 上的电压: $U_O=U_R=529\text{ mV}$。

通过波特仪测量得到电阻 R 上的增益: $A=0.48$。

① 信号发生器设置的电压 U_S 与实际测量端口电压 U_{AB} 不相等

这是由于 RLC 串联电路中电阻 R 阻值较小，信号发生器内阻抗 r_0 分压造成的。

RLC 串联电路中回路电流：

$$I = \frac{U_R}{R} = \frac{529 \text{ mV}}{100 \text{ }\Omega} = 5.29 \text{ mA}$$

信号发生器内阻抗分压：

$$U_{r0} = Ir_0 = 5.29 \text{ mA} \times 50 \text{ }\Omega = 265 \text{ mV}$$

信号发生器内部设置输出电压：

$$U_S = \frac{U_{SPP}}{2\sqrt{2}} = \frac{4 \text{ V}}{2\sqrt{2}} = 1.41 \text{ V}$$

根据 KVL：

$$U_{S测量} = U_{r0} + U_{AB} = 256 \text{ mV} + 1.12 \text{ V} = 1.38 \text{ V}$$

相对误差

$$\delta = \frac{U_S - U_{S测量}}{U_S} \times 100\% = 2\%$$

② 电阻 R 上的电压增益与理论推导不符合

谐振时，采用示波器测量数据推导得到如下电压增益：

$$A = \frac{U_O}{U_I} = \frac{U_R}{U_{AB}} = \frac{0.53 \text{ }\Omega}{1.12 \text{ V}} = 0.47$$

谐振时，波特仪所测电压增益：

$$A = 0.48$$

可以发现测量的电压增益远远低于理论增益（$A = 1$），这是因为在 RLC 串联电路中电感存在损耗电阻 r_L，而电容存在漏电电阻 r_C，当电阻 R 阻值较小时，R 上分到的电压 U_R 不大，因此增益 A 也达不到理论上的数值"1"。

在实际电路中，元件参数的特性将随着激励源电压和频率的改变而改变。例如：本实验采用的色环电感，其电感损耗电阻将随激励源频率的增加而增加（在谐振频率时测量为 86 Ω），因此上述电压增益达不到 1；实验中若采用独石电容，则会因为激励源电压增加而容值略有增加，从而减小谐振频率。

（2）电阻 R 阻值选取过大

在实测中，当电阻阻值增加，谐振频率也将随之小幅度增加。这种与理论不相符的原因源自电阻自身的结构。

实验采用的是普通金属膜电阻,由电阻丝绕线而成,存在寄生电感。如图 5-13 所示,这个电阻可以等效为一个理想电阻与一个寄生电感串联的模型。

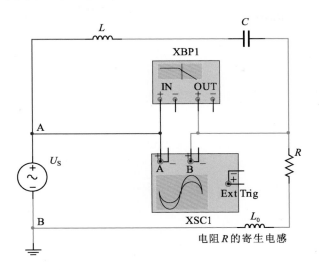

图 5-13　实际 **RLC** 串联电路的等效电路模型

当电阻阻值增加,其寄生电感也将随之增加。例如:阻值 100 Ω 的电阻其寄生电感为 2 μH,阻值 1 kΩ 的电阻其寄生电感为 14 μH。

所以,不论是示波器还是波特仪,所测的实际电阻两端电压其实都是理想电阻与寄生电感串联模型两端电压,由此将造成谐振频率增加。

(三) RLC 串联电路频率特性分析

1. 品质因数分析

品质因数 Q 可以表征串联谐振电路的选频性能。

(1) 用电路参数定义 Q 值:

$$Q = \frac{\omega_0 L}{R} = \frac{1}{\omega_0 CR} = \frac{1}{R}\sqrt{\frac{L}{C}}$$

由此可以看出,电路的品质因数取决于 R、L、C 元件的参数,而与电压源电压角频率无关。

(2) 将上面的公式分子分母乘以电流以后,可用电压有效值定义 Q 值:

$$Q = \frac{I_0 \omega_0 L}{I_0 R} = \frac{U_{L0}}{U_{R0}}$$

$$Q = \frac{I_0 \frac{1}{\omega_0 C}}{I_0 R} = \frac{U_{C0}}{U_{R0}}$$

由此可以看出，Q 值也能反映电感(或电容)电压与电阻电压(或电源电压)的倍数关系，体现了谐振电路时过电压现象的强弱程度。

（3）通过通频带的定义推导出 Q 值：

$$Q = \frac{\omega_0}{\omega_{C2} - \omega_{C1}} = \frac{f_0}{f_{C2} - f_{C1}}$$

其中，ω_{C2}、ω_{C1} 分别称为上限角频率、下限角频率；f_{C2}、f_{C1} 分别称为上限频率、下限频率。$\Delta\omega = \omega_{C2} - \omega_{C1}$、$\Delta f = f_{C2} - f_{C1}$ 均可称为通频带。

在用通频带推导 Q 值的过程中，体现出 Q 值影响电路的选频能力(这部分内容见后面通频带分析)。

根据图 5-10 中电阻频率响应的波特图测出谐振 ω_0 与通频带 Δf，根据图 5-11、图 5-12 测出谐振频率时的电感电压增益 $\frac{U_{L0}}{U_S}$、电容电压增益 $\frac{U_{C0}}{U_S}$，计算出对应 RLC 串联谐振电路的品质因数 Q。

结合图 5-10、图 5-11、图 5-12 测量数据与元件参数，使用多种方法进行品质因数的计算，如表 5-6 所示。

表 5-6　RLC 串联谐振电路的品质因数 Q 示例

元件参数		$R = 1\,\mathrm{k\Omega}$、$C = 47\,\mathrm{nF}$、$L = 10\,\mathrm{mH}$			
$Q = \dfrac{\omega_0 L}{R}$	$Q = \dfrac{1}{\omega_0 CR}$	$Q = \dfrac{1}{R}\sqrt{\dfrac{L}{C}}$	$Q = \dfrac{U_{L0}}{U_S}$	$Q = \dfrac{U_{C0}}{U_S}$	$Q = \dfrac{f_0}{f_{C2} - f_{C1}}$
0.5	0.42	0.46	0.46	0.43	0.54

实验任务 5-1

设计一个 RLC 串联电路，分别通过示波器、波特仪观测该电路的频率特性，根据表 5-6 的示例，计算出品质因数 Q，将数据填入表 5-7 中，并对测量结果进行误差分析。

表 5-7　RLC 串联谐振电路的品质因数 Q 计算

元件参数		$R = 1\,\mathrm{k\Omega}$、$C = 47\,\mathrm{nF}$、$L = 10\,\mathrm{mH}$			
$Q = \dfrac{\omega_0 L}{R}$	$Q = \dfrac{1}{\omega_0 CR}$	$Q = \dfrac{1}{R}\sqrt{\dfrac{L}{C}}$	$Q = \dfrac{U_{L0}}{U_S}$	$Q = \dfrac{U_{C0}}{U_S}$	$Q = \dfrac{f_0}{f_{C2} - f_{C1}}$

2. 各元件频率特性曲线分析

在上述用波特仪扫描频率响应的过程中，可以在波特仪面板上点击数据保存按键。例如，分别将图 5-10、图 5-11、图 5-12 对应的电阻、电容、电感的频率响应以 Word 文档或 Excel 文档保存到电脑中。如图 5-14 所示 Excel 文件为三种元件的频率响应采样。

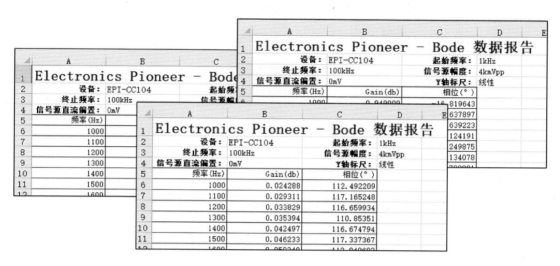

图 5-14　频率响应数据报告

选取这些 Excel 文档作为数据源，将图 5-10、图 5-11、图 5-12 所示电阻、电感、电容对应的幅频特性曲线 $A_R = \dfrac{U_R}{U_S}$、$A_L = \dfrac{U_L}{U_S}$、$A_C = \dfrac{U_C}{U_S}$ 合并整理到图 5-15 中。

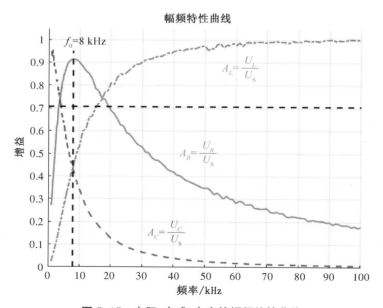

图 5-15　电阻、电感、电容的幅频特性曲线

图 5-15 所示幅频特性曲线反映了随着频率的递增,电容电压不断递减直至降为零,电感电压不断递增直至达到输入电压的幅值,当 $f = f_0$ 时 $U_{L0} = U_{C0}$。 而电阻电压则由小变大再变小,当 $f = f_0$ 时电阻电压最大。整个 RLC 电路以谐振频率 f_0 为分界线,$f <$ f_0 时,电路呈现容性;$f = f_0$ 时,电路呈现阻性;$f > f_0$ 时,电路呈现感性。

同样的方法,选取图 5-14 这些 Excel 文档作为数据源,将图 5-10、图 5-11、图 5-12 所示电阻、电感、电容对应的相频特性曲线合并整理到图 5-16 中。

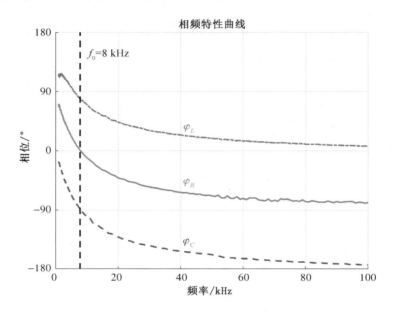

图 5-16　电阻、电感、电容的相频特性曲线

图 5-16 所示相频特性曲线反映了随着频率的递增,回路电流(电阻电压)与端口电压的相位变化关系——从超前到滞后。其中,在谐振点时电感电压与电容电压的相位刚好相反,回路电流(电阻电压)与端口电压相位相同。

3. 复阻抗的频率特性

串联谐振电路的复阻抗为:

$$Z(\mathrm{j}\omega) = R + \mathrm{j}X = R + \mathrm{j}\left(\omega L - \frac{1}{\omega C}\right)$$

其模为:

$$|Z(\mathrm{j}\omega)| = \sqrt{R^2 + \left(\omega L - \frac{1}{\omega C}\right)^2}$$

其阻抗角为:

$$\varphi_Z(\omega) = \arctan \frac{X}{R} = \arctan \frac{\omega L - \dfrac{1}{\omega C}}{R}$$

根据上述理论公式可以绘制出 RLC 串联电路的复阻抗频率特性。而采用如图 5-13 所示波特仪采样的 Excel 数据,可以将其整理并生成实际测量得到的复阻抗频率特性。

(1) 幅频特性曲线的绘制

在 RLC 串联电路中,可以用如下公式将波特仪的测量数据与感抗、容抗的幅频特性联系起来。

$$X_L = \frac{U_L}{I} = \frac{U_L}{U_R} \cdot R = \frac{\dfrac{U_L}{U_S}}{\dfrac{U_R}{U_S}} \cdot R = \frac{A_L}{A_R} \cdot R$$

$$X_C = \frac{U_C}{I} = \frac{U_C}{U_R} \cdot R = \frac{\dfrac{U_C}{U_S}}{\dfrac{U_R}{U_S}} \cdot R = \frac{A_C}{A_R} \cdot R$$

其中,A_R、A_L、A_C 为图 5-10(电阻幅频特性)、图 5-11(电感幅频特性)、图 5-12(电容幅频特性)保存在图 5-14 中的一组 Excel 增益数据。

结合上述感抗、容抗的幅频特性,可得电抗与复阻抗的幅频特性可用如下公式表达:

$$X = X_L - X_C$$
$$|Z| = \sqrt{R^2 + (X_L - X_C)^2}$$

由此可以通过波特仪测量数据绘制出图 5-17 所示感抗 X_L、容抗 X_C、电抗 X、电阻 R、复阻抗 Z 的幅频特性曲线。

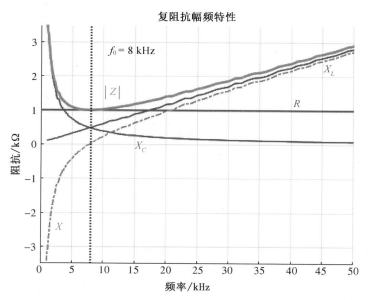

图 5-17　感抗X_L、容抗X_C、电抗 X、电阻 R、复阻抗 Z 的幅频特性曲线

在图 5-17 的幅频特性曲线中，当 $f < f_0$ 时，$X < 0$，电路呈现容性；当 $f = f_0$ 时，$X = 0$，电路呈现阻性；当 $f > f_0$ 时，$X > 0$，电路呈现感性。$|Z|$ 呈现 U 形曲线，最小值为 R。

（2）相频特性曲线的绘制

对于 RLC 串联电路的相频特性则有：

$$\varphi_Z = -\varphi_R$$

$$\varphi_{XL} = \varphi_L - \varphi_R$$

$$\varphi_{XC} = \varphi_C - \varphi_R$$

其中，φ_R、φ_{XL}、φ_{XC} 为图 5-10（电阻相频特性）、图 5-11（电感相频特性）、图 5-12（电容相频特性）保存在图 5-14 中的一组 Excel 相位数据。

由此可以通过波特仪测量数据绘制出图 5-18 所示感抗 X_L、容抗 X_C、复阻抗 Z 的相频特性曲线。

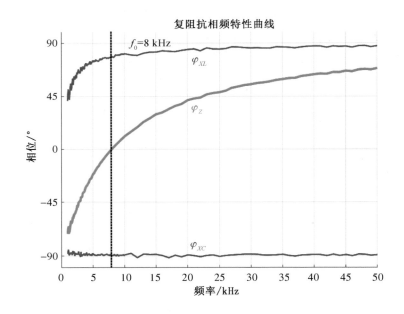

图 5-18　感抗X_L、容抗X_C、复阻抗Z的相频特性曲线

在如图 5-18 所示的相频特性曲线中，当 $f < f_0$ 时，$-90° < \varphi_Z < 0$；当 $f = f_0$ 时，$\varphi_Z = 0$；当 $f > f_0$ 时，$0 < \varphi_Z < 90°$。

其中，φ_{XL} 的曲线并未如理论推导得到的那样保持在 $90°$ 的相位。这是因为，电感自身存在损耗电阻，而在低频时测量的感抗并不大，由此反映在图 5-18 中就呈现出低频段相位小于 $90°$ 的情况。

设计一个 RLC 串联电路,使用波特仪分别观测该电路电阻、电容、电感上的频率响应,并根据波特仪采样数据,按表 5-8 要求绘制频率响应曲线。

表 5-8 频率响应曲线

元件参数		$R = ($ $) \Omega$、$C = ($ $) F$、$L = ($ $) mH$
电阻、电容、电感	幅频特性曲线	类似图 5-15
	相频特性曲线	类似图 5-16
RLC 串联电路复阻抗	幅频特性曲线	类似图 5-17
	相频特性曲线	类似图 5-18

4. 电流相量频率特性

RLC 串联电路电流相量为:

$$\dot{I} = \frac{\dot{U}_{AB}}{R + jX} = \frac{U_{AB}\angle 0°}{\sqrt{R^2 + \left(\omega L - \dfrac{1}{\omega C}\right)^2}} \angle \left(-\arctan \frac{\omega L - \dfrac{1}{\omega C}}{R}\right)$$

电流的模和相角分别为:

$$I(\omega) = |I(j\omega)| = \frac{U_{AB}}{\sqrt{R^2 + \left(\omega L - \dfrac{1}{\omega C}\right)^2}}$$

$$\varphi_I(\omega) = \angle I(j\omega) = -\arctan \frac{\omega L - \dfrac{1}{\omega C}}{R}$$

其中，$\dot{U}_{AB}$ 为 RLC 串联电路的端口电压。

对于电流的模 $I(\omega)$，可以用品质因数 Q 与谐振角频率 ω_0 表示：

$$I(\omega) = \frac{\dfrac{U_{AB}}{R}}{\sqrt{1 + \left(\dfrac{\omega_0 \omega L}{\omega_0 R} - \dfrac{\omega_0}{\omega_0 R \omega C}\right)^2}} = \frac{1}{\sqrt{1 + \left(\dfrac{\omega}{\omega_0}Q - \dfrac{\omega_0}{\omega}Q\right)^2}} \frac{U_{AB}}{R}$$

$$I(\omega) = \frac{1}{\sqrt{1 + Q^2\left(\dfrac{\omega}{\omega_0} - \dfrac{\omega_0}{\omega}\right)^2}} I_0$$

对于电流的相角 $\varphi_I(\omega)$，可以表示为：

$$\varphi_I(\omega) = \angle I(j\omega) = -\arctan Q\left(\frac{\omega}{\omega_0} - \frac{\omega_0}{\omega}\right)$$

另一方面，电阻 R 上的电压 $\dot{U}_R$ 作为输出电压，端口电压 $\dot{U}_{AB}$ 作为输入电压，其传递函数的模与相角的关系如下：

$$|H(j\omega)| = \frac{1}{\sqrt{1 + \dfrac{1}{R^2}\left(\omega L - \dfrac{1}{\omega C}\right)^2}} = \frac{1}{\sqrt{1 + Q^2\left(\dfrac{\omega}{\omega_0} - \dfrac{\omega_0}{\omega}\right)^2}}$$

$$\varphi(\omega) = -\arctan Q\left(\frac{\omega}{\omega_0} - \frac{\omega_0}{\omega}\right)$$

由两组公式对比，可以得到电流的幅频特性大于电阻电压幅频特性 $I_0 = \dfrac{U_{AB}}{R}$ 倍，电流的相频特性与电阻电压相频特性一样。

在 RLC 串联电路中 $C = 47\ \text{nF}$、$L = 10\ \text{mH}$，电阻 R 分别选取 $1\ \text{k}\Omega$、$510\ \Omega$、$100\ \Omega$，使用波特仪对电阻电压扫频，生成如图 5-19、图 5-20 所示曲线，均可反映电阻电压、回路电流的幅频特性、相频特性。

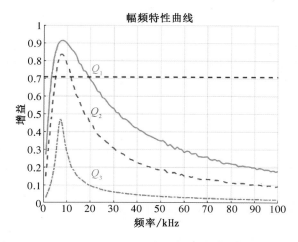

图 5-19　不同阻值的电阻电压幅频特性曲线　　　图 5-20　不同阻值的电阻电压相频特性曲线

　　RLC 串联电路中,当电感、电容大小保持一致,在图 5-19 所示幅频特性曲线中可以看到,电阻 R 选取 1 kΩ、510 Ω、100 Ω,对应曲线 Q_1、Q_2、Q_3 的增益逐步递减;而图 5-20 所示相频特性曲线中,当采样频率范围选择在 1～20 kHz 内时,对应曲线 Q_1、Q_2、Q_3 的谐振频率也随着电阻阻值减小而降低。

　　图 5-19、图 5-20 反映了不同阻值下真实测量所得电阻电压或回路电流的频率变化规律。这种变化规律与理论推导不一致,其产生误差的原因在本章"(二)RLC 串联谐振电路数据测量"一节的"4.电阻阻值选取分析"部分已经阐明,本节将通过归一化的方式排除此类误差干扰,分析不同阻值下电流频率特性。

　　如图 5-21、图 5-22 所示,品质因数 Q_1、Q_2、Q_3 为参变量,ω/ω_0 为横坐标,这可以保证在 $\omega/\omega_0=1$ 处发生谐振频率。

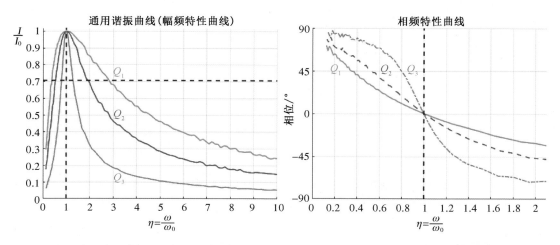

图 5-21　归一化处理后不同阻值电阻　　　　图 5-22　归一化处理后不同阻值电阻
　　　　　电压的幅频特性曲线　　　　　　　　　　　电压的相频特性曲线

而图 5-21 采用 I/I_0 作为纵坐标,确保谐振时 $I/I_0=1$。这个纵坐标实际上是图 5-19 的纵坐标增益 A 的另外一种表达方式:

$$A=\frac{U_R}{U_{AB}}=\frac{\dfrac{U_R}{R}}{\dfrac{U_{AB}}{R}}=\frac{I}{I_0}$$

因为电阻阻值不同,在图 5-19 中品质因数 Q_1、Q_2、Q_3 所对应的幅频特性曲线在纵轴方向上高低各有不同,使得这三条曲线很难进行数据对比。因此,图 5-21 的纵坐标采用的是 I/I_0(I_0 为谐振时的回路电流)。这样才能让每条曲线实现谐振时 $I/I_0=1$。

通过对频率响应的归一化处理,将测量的绝对值变成相对值,让差距很大的数据归一化到 $[0,1]$ 区间,简化计算、缩小量值,方便不同数据进行对比。

对于图 5-21 这种曲线也称为串联通用谐振曲线。由该图可见,Q 值越大,谐振曲线越尖锐,谐振频率附近的电流值下降得越多,电路的选择性越好;Q 值越小,曲线越平缓,电路的选择性越差($Q_1 < Q_2 < Q_3$)。

在图 5-21 中,采样数据的频率范围为 $1\sim 100\ \text{kHz}$,图 5-22 中采样数据的频率范围为 $1\sim 20\ \text{kHz}$。因为这两幅图横轴采用普通坐标,对特定频率(如谐振点)附近的表示有所不足,且能够研究的频段较窄。

因此图 5-23、图 5-24 中横轴采用对数坐标,由此保证两幅图使用同样较宽的采样频段,能够较好地突出谐振点处的频率变化特性。

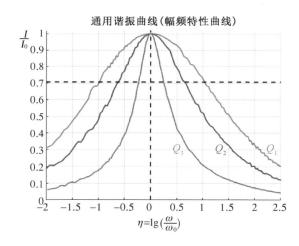

图 5-23 归一化处理且横轴采用对数坐标的幅频特性曲线

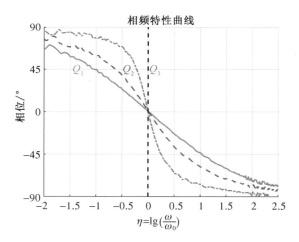

图 5-24 归一化处理且横轴采用对数坐标的相频特性曲线

5. 通频带

在谐振曲线中,$I/I_0 \geqslant 0.707$(或 $I/I_0 \geqslant 1/\sqrt{2}$)的频率范围称之为通频带。

以图 5-21、图 5-23 为例，$I/I_0 = 0.707$(或 $I/I_0 = 1/\sqrt{2}$) 这条虚线穿过 Q_1、Q_2、Q_3 不同品质因数所对应的谐振曲线。从中可以看到 Q_1、Q_2、Q_3 三条曲线在 $I/I_0 \geqslant 0.707$ 的条件下包含的频率宽度由宽依次变窄。

然而，这两幅图的纵坐标设置是为了在归一化条件下观测不同 Q 值(或电阻 R 阻值不同)时谐振曲线的变化规律。若要使用通频带反映 RLC 串联电路的选频特性，则要还原该电路输入与输出的关系。

这里将图 5-19、图 5-21 进行综合调整，将关注点集中到谐振频率，绘制图 5-25。

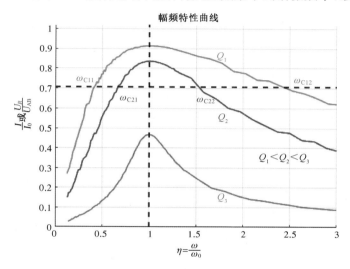

图 5-25 通频带观测

在图 5-25 中，品质因数 Q_3 这条曲线最大增益 $A_{30} = 0.48$[本章"(二)RLC 串联谐振电路数据测量"一节的"4. 电阻阻值选取分析"中的计算结果]，$I/I_0 = 0.707$ 这条虚线高于 Q_3 曲线的最大值，说明此时输入信号通过该曲线对应的 RLC 串联电路后，所有输出均被抑制，达不到工程上的选频要求。

而对于品质因数 Q_1、Q_2 这两条曲线，$I/I_0 = 0.707$ 虚线与其相交于下限截止频率 ω_{C11}、ω_{C21} 和上限截止频率 ω_{C12}、ω_{C22}，得到这两条曲线的通频带：

$$BW_1 = \Delta\omega_1 = \omega_{C12} - \omega_{C11} \quad 或 \quad BW_1 = \Delta f_1 = f_{C12} - f_{C11}$$
$$BW_2 = \Delta\omega_2 = \omega_{C22} - \omega_{C21} \quad 或 \quad BW_2 = \Delta f_2 = f_{C22} - f_{C21}$$

其中，$BW_1 > BW_2$，说明 Q_1、Q_2 这两条曲线相比较，Q_1 曲线代表的 RLC 串联电路能够通过的信号频段更宽。而 Q_2 曲线比 Q_1 曲线更尖锐，则体现了 Q_2 曲线代表的 RLC 串联电路有更好的选频能力。

所以从此处分析可以得到：对于这个 RLC 串联电路来说，其通频带的宽度与选频性能相互矛盾。Q 值越大，电路的选频性能越好，但通频带的宽度越窄。

实验任务 5-3

设计 RLC 串联电路,改变电阻阻值,观察不同阻值下该电路的谐振曲线变化规律,并按表 5-9 的要求完成谐振曲线的绘制。

表 5-9　通频带

元件参数			$C = ($　　$)$ F、$L = ($　　$)$ mH		
谐振曲线			类似图 5-25		
$R_1 = ($　$)$ Ω	$Q_1 = ($　$)$	$f_{C11} = ($　$)$ kHz	$f_{C12} = ($　$)$ kHz	$BW_1 = ($　$)$ kHz	
$R_2 = ($　$)$ Ω	$Q_2 = ($　$)$	$f_{C21} = ($　$)$ kHz	$f_{C22} = ($　$)$ kHz	$BW_1 = ($　$)$ kHz	
$R_3 = ($　$)$ Ω	$Q_3 = ($　$)$	$f_{C31} = ($　$)$ kHz	$f_{C32} = ($　$)$ kHz	$BW_3 = ($　$)$ kHz	

(四) 无源滤波电路分析

5-2　无源滤波器简介

通过前面对频率特性的分析可以知道,当 RC 电路或 RLC 电路的增益大于 0.707 时,可以让某一段频率的输入通过该电路。

在工程上,根据输出端口对信号频率范围的要求,设计专门的网络,置于输入输出端口之间,使输出端口所需要的频率分量能够顺利通过,而抑制不需要的频率分量,这种具有选频功能的中间网络,工程上称为滤波器。以信号的频率范围划分,可以分成低通滤波器、高通滤波器、带通滤波器、带阻滤波器 4 种。

1. 低通滤波器与高通滤波器

如图 5-26 和图 5-27 所示,联系本章"(一)RC 电路的频率特性分析"一节中的知识,利用 RC 电路或 RL 电路均可以设计出低通或高通滤波器。

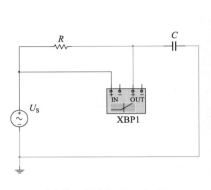

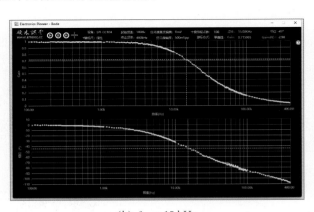

(a) $R = 10\,\text{k}\Omega$, $C = 1\,\text{nF}$　　　　(b) $f_C = 15\,\text{kHz}$

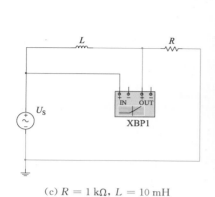

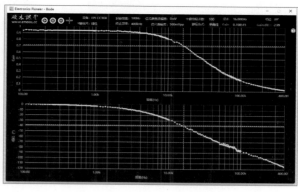

(c) $R = 1\,\text{k}\Omega$, $L = 10\,\text{mH}$

(d) $f_\text{C} = 16\,\text{kHz}$

图 5-26　低通滤波器的电路及波特图

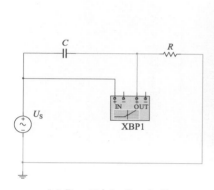

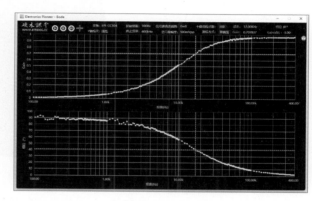

(a) $R = 10\,\text{k}\Omega$, $C = 1\,\text{nF}$

(b) $f_\text{C} = 17\,\text{kHz}$

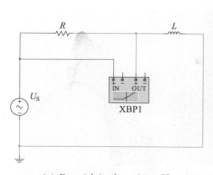

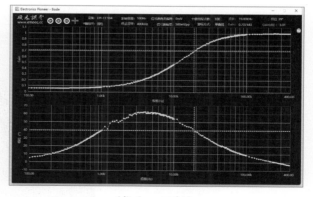

(c) $R = 1\,\text{k}\Omega$, $L = 10\,\text{mH}$

(d) $f_\text{C} = 19\,\text{kHz}$

图 5-27　高通滤波器的电路及波特图

由图 5-26 和图 5-27 可知,低通滤波器和高通滤波器只有一个截止频率 f_C。低通滤波器频率范围在 $0 < f < f_C$ 时,传递函数(或增益)大于 0.707,而这个频率范围被称为低通滤波器的通频带(带宽)。高通滤波器频率范围在 $f_C < f < \infty$ 时,传递函数(或增益)大于 0.707,而这个频率范围被称为高通滤波器的通频带(带宽)。

按照图 5-27(c)设计的 RL 高通滤波器,测得的相频特性[如图 5-27(d)所示]与理论推导或仿真不一致。这是因为该电路在低频时输出端受电感损耗电阻的影响较大,感抗较小,呈现电阻特性;而随着频率逐渐增加,感抗逐渐增大,输出端的感性逐步体现出来。

2. 带通滤波器与带阻滤波器

如图 5-28 和图 5-29 所示,联系本章"(三)RLC 串联电路频率特性分析"一节中的知识,可以用 RLC 串联电路设计带通滤波器或带阻滤波器。

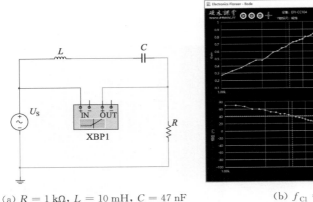

(a) $R = 1\,\text{k}\Omega$, $L = 10\,\text{mH}$, $C = 47\,\text{nF}$ (b) $f_{C1} = 3.2\,\text{kHz}$, $f_{C2} = 18\,\text{kHz}$

图 5-28　带通滤波器的电路及波特图

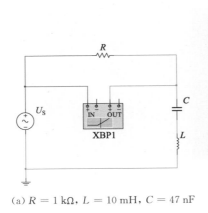
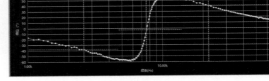

(a) $R = 1\,\text{k}\Omega$, $L = 10\,\text{mH}$, $C = 47\,\text{nF}$ (b) $f_{C1} = 2.6\,\text{kHz}$, $f_{C2} = 22\,\text{kHz}$

图 5-29　带阻滤波器的电路及波特图

由图 5-28 和图 5-29 可知,带通滤波器和带阻滤波器有下限截止频率 f_{C1} 和上限截止频率 f_{C2}。带通滤波器频率范围在 $f_{C1} < f < f_{C2}$ 时,传递函数(或增益)大于 0.707,而这个频率范围被称为带通滤波器的通频带(带宽)。带阻滤波器频率范围在 $0 < f < f_{C1}$ 与 $f_{C2} < f < \infty$ 时,传递函数(或增益)大于 0.707,而这个频率范围被称为带阻滤波器的通频带(带宽)。

实验任务 5-4

按照表 5-10 的要求,设计 4 种无源滤波器。

根据图 5-26、5-27、5-28、5-29 的示例,按照表 5-10 的要求,自行选择元件参数设计不同无源滤波器。使用波特仪测出对应波特图,并找出该滤波电路的截止频率。

表 5-10　4 种无源滤波器

低通滤波器	设计电路图	波特图
	元件参数	截止频率
高通滤波器	设计电路图	波特图
	元件参数	截止频率
带通滤波器	设计电路图	波特图
	元件参数	截止频率
带阻滤波器	设计电路图	波特图
	元件参数	截止频率

(五) 方波信号分解

对于非正弦周期信号,如方波,利用谐波分析方法可以将非正弦周期信号分解为恒定分量、基波分量和各自谐波分量,其傅里叶级数展开式为:

$$f(t) = \frac{4U}{\pi}\left[\sin(\omega t) + \frac{1}{3}\sin(3\omega t) + \frac{1}{5}\sin(5\omega t) + \cdots + \frac{1}{2n-1}\sin((2n-1)\omega t) + \cdots\right]$$

$$f(t) = \frac{4U}{\pi}\sum_{n=1}^{\infty}\frac{1}{2n-1}\sin[(2n-1)\omega t]$$

其中，U 为方波幅值，$\omega = 2\pi/T$ 为基波角频率，T 为 $f(t)$ 的周期。

从公式可以看出，方波信号是由 1、3、5、7 等奇次谐波构成，第 $(2n-1)$ 次谐波的幅值为 $4U/(2n-1)$ 倍。各奇次谐波的初始相位均为 0，只要选择符合上述规律的正弦波并将其组合在一起，便可以近似合成相应的方波。

1. 方波信号的频谱分析

使用信号发生器 S1 输出一个频率 $f=10\,\text{kHz}$，峰峰值 $U_{\text{PP}}=6\,\text{V}$，直流偏量 $U_{\text{offset}}=0\,\text{V}$ 的方波。用导线把示波器 AIN1 通道与信号发生器 S1 输出端子连接。按图 5-2 所示，点击硬木课堂主界面上"FFT"按钮，打开 FFT 频谱分析仪。

如图 5-30 所示，点击频谱仪的启动按键后，单位选择"线性"，频率宽度设置合适后得到频谱分析图。通过拖动游标，能够读出 1、3、5、7 等各奇次谐波的频率以及幅值。

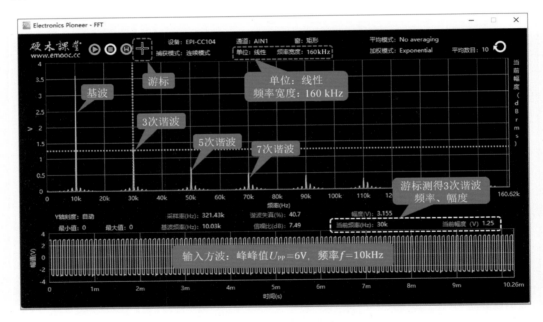

图 5-30　频谱分析图

例如：

表 5-11　频谱分析

输入设置	方波	基波	3 次谐波	5 次谐波	7 次谐波
幅值/V	3	3.16	1.25	0.62	0.44
频率/kHz	10	10	30	50	70

通过表 5-11 所示的频谱分析可以看出，从基波开始的各个谐波之间的频率关系满足 $1，3，5，\cdots，(2n-1)$ 的奇数倍增长，而各个谐波的幅值则按照 $1，1/3，1/5，\cdots，$ $1/(2n-1)$ 的规律递减。然而因为信号发生器内阻以及测量衰减等实际因素的制约，方波的幅值与频谱分析仪所测各个奇次谐波幅值比例关系并不满足傅里叶展开式 $f(t)=$ $\dfrac{4U}{\pi}\sum\limits_{n=1}^{\infty}\dfrac{1}{2n-1}\sin\left[(2n-1)\omega t\right]$ 的要求。

2. 方波分解

当 RLC 串联电路的谐振频率与方波某个奇次谐波频率相近时，该选频网络就能作为带通滤波器选择出该奇次谐波而过滤其他谐波。

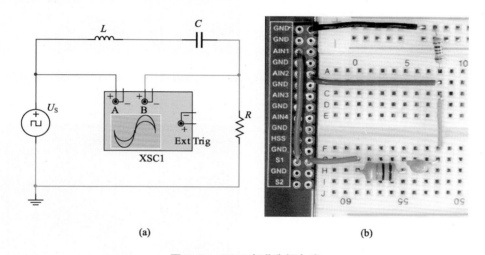

(a)   (b)

图 5-31　RLC 串联选频电路

如图 5-31 所示，设置信号发生器输出频率 $f=10\ \text{kHz}$，峰峰值 $U_{\text{PP}}=6\ \text{V}$，直流偏量 $U_{\text{offset}}=0\ \text{V}$ 的方波。如表 5-12 所示，分别设计不同的电感、电容参数，实现该 RLC 串联电路的谐振频率与方波的 1、3、5 次谐波频率相符，从而选择出对应的谐波。

在实际选频网络设计中，选择合适的元件参数有助于实验的有效完成。

首先，从经济成本等方面考虑，适宜口袋实验室设备使用的电感元件种类并不多，而且电感自身损耗电阻也会对电路产生影响，因此建议选择一个固定色环电感，然后通过更换电容让该电路的谐振频率与谐波频率相匹配。

其次，观察图 5-30 所示方波频谱，可以看到当频率为 10 kHz、30 kHz、50 kHz……时谐波幅值非常明显。因此设计的 RLC 串联电路谐振频率只需要与方波的 $(2n-1)$ 次谐波频率接近，就能保证被选择的谐波频率在设计的滤波器的通频带范围内。这将使电感、电容参数的选择范围更为灵活。所以在表 5-12 中的滤波器电容并没有按照设计参数进行选择，而是使用了近似大小的电容进行替代。

表 5-12 方波的 1、3、5 次谐波观测

获取谐波	RLC 串联电路元件		波形图
	设计参数	实际参数	
基波	$C = 25$ nF	$C = 22$ nF	**(a)**
	$L = 10$ mH	$L = 10$ mH	
	$R = 100$ Ω	$R = 100$ Ω	
	$f_0 = 10$ kHz	$f_0 = 10.7$ kHz	
3 次谐波	$C = 2.8$ nF	$C = 3.3$ nF	**(b)**
	$L = 10$ mH	$L = 10$ mH	
	$R = 100$ Ω	$R = 100$ Ω	
	$f_0 = 30$ kHz	$f_0 = 27.7$ kHz	
5 次谐波	$C = 1$ nF	$C = 1$ nF	**(c)**
	$L = 10$ mH	$L = 10$ mH	
	$R = 100$ Ω	$R = 100$ Ω	
	$f_0 = 50$ kHz	$f_0 = 50$ kHz	

最后,由本章"(二)RLC 串联谐振电路数据测量"一节的"4.电阻阻值选取分析"与图 5-19 的幅频特性曲线可以知道,电阻较小品质因数较高,但是选频网络的增益可能达不到 0.707。此时要先保证能够获得所需输出波形,再考虑该波形幅值是否满足设计需要。如果不满足,重新调整电路或者改用有源滤波器重新设计。

实验任务 5-5

按照表 5-13 的要求,设计一个带通滤波器,能够选择方波的 n 次谐波(其中 $n \geqslant 9$)。

表 5-13　选择方波的 n 次谐波

获取谐波	RLC 串联电路元件		波形图
	设计参数	实际参数	
（　）次谐波	$C = ($　$)$ nF	$C = ($　$)$ nF	滤波后的波形图
	$L = ($　$)$ mH	$L = ($　$)$ mH	
	$R = ($　$)$ Ω	$R = ($　$)$ Ω	
	$f_0 = ($　$)$ kHz	$f_0 = ($　$)$ kHz	

3. 方波合成

根据方波傅里叶展开式,让口袋实验室中的 HSS、S1、S2 3 个信号发生器分别输出"峰峰值 6 V,频率 10 kHz""峰峰值 2 V,频率 30 kHz""峰峰值 1.2 V,频率 50 kHz"的正弦波。按照图 5-32 所示进行接线。

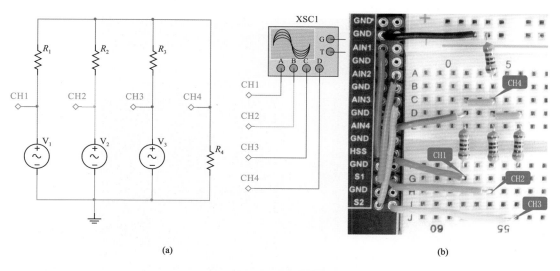

(a)　　　　　　　　　　　　　(b)

图 5-32　方波合成实验电路

电路中限流电阻 $R_1 = R_2 = R_3 = R = 510\,\Omega$，$R_4$ 的阻值任意,本例中让 $R_4 = 510\,\Omega$。使用示波器 CH1、CH2、CH3 通道观测 3 个信号发生器的输出波形 $u_1(t)$、$u_2(t)$、$u_3(t)$,如图 5-33 所示。

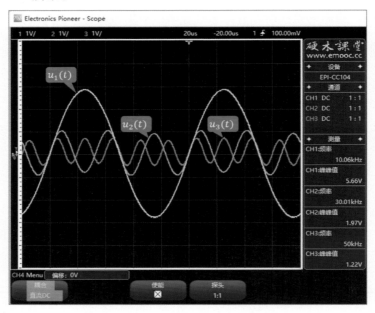

图 5-33　3 个信号发生器的输出波形

如图 5-34 所示,使用示波器 CH4 通道观察 R_4 上电压波形,即 3 个正弦波叠加后的波形。

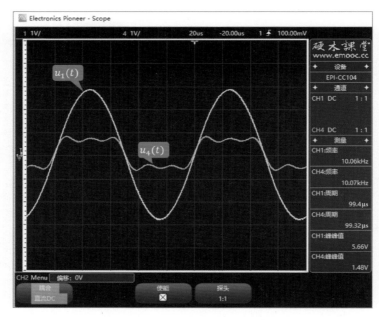

图 5-34　合成波形与一次谐波

在图 5-34 中，可以看到模拟 1、3、5 次谐波合成后的波形 u_4 已经类似标准方波。通过示波器测量，合成波形 u_4 的频率与模拟的一次谐波 u_1 频率一致，但波形 u_4 的峰峰值 $U_{4PP}=1.48\ \text{V}$，而信号发生器输出 u_1 的峰峰值 $U_{1PP}=5.66\ \text{V}$。这与方波的傅里叶展开式

$$f(t)=\frac{4U}{\pi}\sum_{n=1}^{\infty}\frac{1}{2n-1}\sin\left[(2n-1)\omega t\right]$$ 差距较大。

在图 5-32 所示的电路中，可以用节点电压法求 R_4 上的电压 u_4 去分析电路中各个输入与输出的关系：

$$\left(\frac{1}{R_1}+\frac{1}{R_2}+\frac{1}{R_3}+\frac{1}{R_4}\right)u_4=\frac{1}{R_1}u_1+\frac{1}{R_2}u_2+\frac{1}{R_3}u_3$$

$$\left(\frac{3}{R}+\frac{1}{R_4}\right)u_4=\frac{1}{R}(u_1+u_2+u_3)$$

$$u_4=\frac{1}{3+\dfrac{R}{R_4}}(u_1+u_2+u_3)$$

$$u_4=\frac{1}{4}(u_1+u_2+u_3)$$

这也从另外一个角度解释了为什么图 5-34 中合成后的波形幅值较小。而要保证合成后的信号增益，则需要使用集成运算放大器提高波形的幅值，此处不再深入讨论。

实验任务 5-6

按照表 5-14 要求，把 3 个正弦波合成为一个类似方波的波形。

表 5-14 方波合成

输入信号：正弦波		输出信号	
峰峰值	**频率**		
$U_{1PP}=(\quad)\ \text{V}$	$f_1=(\quad)\ \text{Hz}$	合成波形图	
$U_{2PP}=(\quad)\ \text{V}$	$f_2=(\quad)\ \text{Hz}$		
$U_{3PP}=(\quad)\ \text{V}$	$f_3=(\quad)\ \text{Hz}$	$U_{4PP}=(\quad)\ \text{V}$	$f_4=(\quad)\ \text{Hz}$

第六章

三 相 电 路

一、 实验导读

三相电路是由三相电源、三相负载、三相输电线路三部分组成。本章的实验用口袋实验室设备的 3 个信号源模拟电力系统中的三相电源。在面包板上使用电阻搭接星形、三角形负载,实现在弱电条件下的三相电路实验。

使用示波器、万用表测量不同负载连接方式下的线电压、线电流、相电压、相电流及它们之间的相位关系,并计算三相负载的有功功率。

二、 实验设备及元器件

表 6-1　实验设备及元器件表

	名称	数量	说明
设备	口袋实验室	1 台	硬木课堂 Lite104 及其附带万用表、信号发生器、示波器
元器件	面包板	1 块	
	电阻	若干	100 Ω～50 kΩ E24 系列 1/4 W 金属膜电阻

三、 实验原理及内容

(一) 三相电源设置

口袋实验室的 3 个信号发生器 HSS、S1、S2 共地,因此可以用这 3 个信号发生器模拟三相星形连接电压源。

例如图 6-1 所示,打开信号发生器 HSS、S1、S2 3 个输出通道,每个通道的输出峰峰值为 8 V,频率为 50 Hz,3 个通道之间的相位差分别为 120°,实现三相星形连接电压源。这 3 个信号发生器的"HSS""S1""S2"端子与外部电路连接,作为三相电源的 A、B、C 三相输出,信号发生器的"GND"端子则作为三相电源的中性点 N。

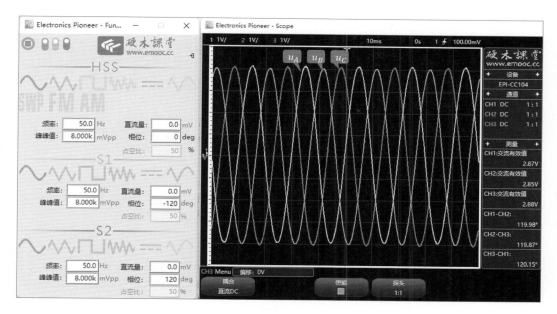

图 6-1　3 个信号发生器模拟三相星形连接电压源

3 个信号发生器输出频率均设置为 50 Hz，因此可以采用万用表或示波器测量得到三相电压源空载时的有效值，如表 6-2 所示。

表 6-2　三相电压源电压

	U_A/V	U_B/V	U_C/V
设置峰峰值	8.00	8.00	8.00
有效值（理论）	2.83	2.83	2.83
有效值（实测）	2.87	2.85	2.88

在信号发生器中已经设置了 u_A、u_B、u_C 3 个正弦波的初相位分别为 0°、−120°、120°，而在图 6-1 示波器测量栏中也可以观察到 u_A 与 u_B、u_B 与 u_C、u_C 与 u_A 之间的相位差均为 120°。

由此，通过调节 3 个信号发生器的输出幅度与初相位，可以用它们在弱电环境下模拟三相星形连接电源，从而得到如图 6-2 所示三相星形电压源电压相量图。

图 6-2 中 A 相超前 B 相、B 相超前 C 相、C 相超前 A 相（超前角度均为 120°），按顺时针排列顺序称为正序；反之，称为负序（或逆序）。

（二）三相负载电路电压、电流测量

三相电路的负载一般由三部分组成，合称为三相负载，其中的每一部分称为一相负载。当三个负载的复阻抗均相同时,即 $Z_A = Z_B = Z_C$ 时,称为对称三相负载,反之称为不对称三相负载。

A 相	B 相	C 相
$\dot{U}_A = 2.87\angle 0°$	$\dot{U}_B = 2.87\angle -120°$	$\dot{U}_C = 2.87\angle 240°$

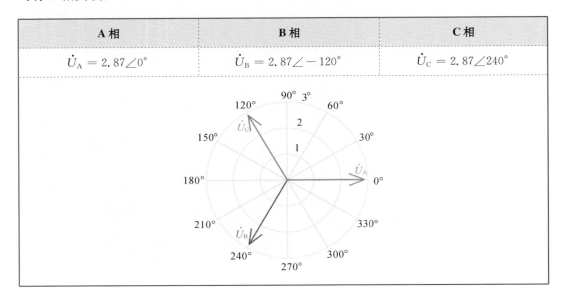

图 6-2 三相星形电压源电压相量图

三相电路中,流经输电线中的电流称为线电流 i_l,各输电线之间的电压称为线电压 u_l;三相电源和三相负载中每一相的电压、电流称为相电压 u_P、相电流 i_P。 下面将根据三相负载不同的连接方法,对三相电路的电压、电流进行测量。

1. 三相星形负载测量

在图 6-3 中,使用电阻作为负载,将各相负载的一个端子(尾端)均连在一起,形成公共点 n,称为负载的中性点;将负载的 a、b、c 3 个端子(首端)与三相电源 A、B、C 输出端子相连,得到三相星形-星形连接。

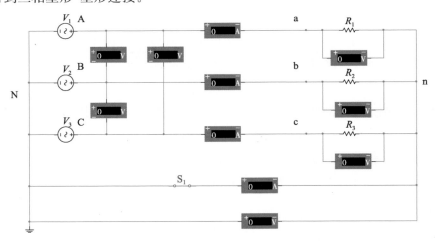

图 6-3 星形-星形连接实验电路

当开关 S_1 打开时,该电路无中线,即为三相三线制电路接法;当开关 S_1 闭合时,该电路有中线,即为三相四线制电路接法。

三相星形负载连接中,通过每一相输电线的线电流与通过每一相负载的相电流重合,即 $\dot{I}_l = \dot{I}_P$。

当三相负载对称时,其相电压大小均为 U_P,与电源相电压 $\dot{U}_{AN}$、$\dot{U}_{BN}$、$\dot{U}_{CN}$ 大小相等。线电压的大小 U_l 是相电压 U_P 的 $\sqrt{3}$ 倍。各线电压 $\dot{U}_l$ 与相电压 $\dot{U}_P$ 之间有如下关系:

$$\dot{U}_{AB} = \sqrt{3}\dot{U}_{An}\angle 30°$$

$$\dot{U}_{BC} = \sqrt{3}\dot{U}_{Bn}\angle 30°$$

$$\dot{U}_{CA} = \sqrt{3}\dot{U}_{Cn}\angle 30°$$

当三相负载不对称时,上述关系不复成立。

按图 6-3 所示的仿真电路进行实物接线得到实物电路,如图 6-4 所示。

图 6-4　星形-星形连接电路(负载不对称)

在图 6-4 的实物接线中,信号发生器的"HSS""S1""S2"3 个端子作为三相电压源 A 相、B 相、C 相的输出端与三角形负载 a、b、c 3 个端子一一对应连接。电源中性点 N 就是 3 个信号发生器的"GND"端子。三相负载的中性点 n 就是 3 个电阻连接的公共点。图 6-3 中的开关 S_1,在图 6-4 的实物接线中用导线代替,用插拔导线来实现该三相负载星形电路有、无中线的切换。

三相星形负载对称时电阻 R_1、R_2、R_3 阻值均设置为 1 kΩ;负载不对称时,让 3 个负载阻值不同即可。为了让负载不对称更为直观,图 6-4 中 An 相负载用两个 1 kΩ 电阻并联而成。

三相电路的接线与前面实验相比较为复杂,而后续要测的物理量较多,因此面包板上的接线要求横平竖直,工艺美观。如图 6-4 所示,接线的时候需要考虑预留测量电流的位置(或是检流电阻的安放位置)。

如图 6-3、图 6-4 所示电路,三相电压源相电压峰峰值设置为 8 V。三相负载对称时,每一相电阻阻值 $R_1 = R_2 = R_3 = 1 \text{ k}\Omega$;不对称时,an 相负载电阻 $R_1 = 500 \ \Omega$,其余两相负载电阻 $R_2 = R_3 = 1 \text{ k}\Omega$。 进行如下测量:

(1) 使用万用表交流电压挡测量该三相星形电路线电压、相电压以及中点间电压。

表 6-3 三相负载星形连接的电压测量示例

相电压			线电压			中点间电压	中线情况	负载情况
U_{An}/V	U_{Bn}/V	U_{Cn}/V	U_{AB}/V	U_{BC}/V	U_{CA}/V	U_{Nn}/V		
2.70	2.70	2.73	4.68	4.71	4.70	0.01	有中线	对称
2.69	2.70	2.74	4.67	4.71	4.70	—	无中线	
1.97	3.06	3.09	4.59	4.71	4.62	0.65	有中线	不对称
2.56	2.70	2.74	4.56	4.71	4.59	—	无中线	

(2) 使用万用表交流电流挡测量该三相星形电路线(相)电流以及中线电流。

表 6-4 三相负载星形连接的电流测量示例

线(相)电流			中线电流	中线情况	负载情况
I_{Aa}/mA	I_{Bb}/mA	I_{Cc}/mA	I_{Nn}/mA		
2.82	2.80	2.82	—	无中线	对称
2.81	2.81	2.83	24	有中线	
4.11	3.18	3.19	—	无中线	不对称
5.33	2.82	2.83	2.5	有中线	

在负载对称情况下:

负载各线电压大小相等,各相电压大小也相等,且线电压有效值是相电压有效值的 $\sqrt{3}$ 倍;负载的线(相)电流大小均相等。无中线时,电源和负载中性点的电位相等,两个中性点之间的电压 $U_{Nn} = 0$;有中线时,中线上电流 $I_{Nn} \approx 0$。

在负载不对称情况下:

无中线时,电源和负载中性点的电压 $U_{Nn} \neq 0$。 三相负载上电压不平衡,有可能导致因相电压过高而损坏负载;或者相电压过低造成负载不能正常工作。有中线时,中线电流 $I_{Nn} \neq 0$,则需要通过中线平衡各相的相电压大小。

对于实际运用的不对称星形负载三相电路来说,必须采用带中线的三相四线制供电,使得电源中性点与负载中性点等电位,大多数情况还要把中线接地,使它与大地电位相同,以保证安全。

这样不论负载阻抗如何变化,三相负载每相都自成独立回路,该相所承受的是电源的相电压。使用中线可以防止发生意外事故,保证负载正常工作。因此,规定中线不允许安装保险丝和开关,以防止中性线电流过大烧毁保险丝造成中线失效。

此外,在设计三相负载电路时,应该尽可能让各相负载大致对称平衡,避免中性线电流过大。

(3) 线电压、相电压之间的相位差测量。

因为口袋实验的信号发生器、示波器共地,所以现阶段在三相电路中测量相位差较为烦琐。下面将以测量线电压 u_{AB}、相电压 u_{An} 为例进行说明。

如图 6-5 所示,使用示波器 3 个通道测量 A、B、n 三点电位。

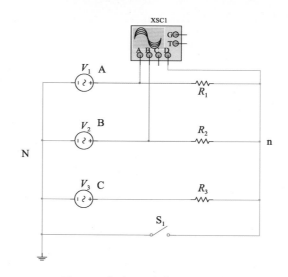

图 6-5 相电压、线电压测量电路

当三相负载对称时,即 $R_1=R_2=R_3=1\ \text{k}\Omega$,使用示波器测量得到如图 6-6 所示波形,即 A、B、n 三点电位波形。

在图 6-6 中,负载中性点 n 处电位 $u_{nPP}=38.2\ \text{mV}$,可以认为该电路中电源中线点 N、负载中性点 n 等电位,电压为 0。所以,不论该三相电路有无中线,当负载对称时示波器中 A 点所测电位就是三相电源 AN 相和三相负载 An 相的相电压 u_{An}。使用示波器"Math"函数功能可以得到线电压 $u_{AB}=u_A-u_B$。

线电压 u_{AB} 超前相电压 u_{An} 的相位差为:

$$\varphi_1=\Delta T \cdot f \cdot 360°=29.7°$$

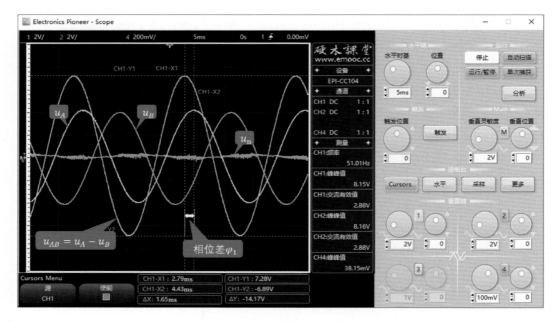

图 6-6　相电压、线电压波形(负载对称)

同理,使用相同方法测出另外两相线电压超前相电压的相位差均为 29.7°。

令 A 点电位初相位为 0°,即 $\dot{U}_{\mathrm{AN}}$ 与 $\dot{U}_{\mathrm{An}}$ 的初相位为 0°,根据所测负载对称电路的线电压、相电压及其相位差关系,得到图 6-7 所示三相星形对称负载上的线电压与相电压的相量图。

相电压/V		
$\dot{U}_{\mathrm{An}} = 2.70\angle 0°$	$\dot{U}_{\mathrm{Bn}} = 2.70\angle -120°$	$\dot{U}_{\mathrm{Cn}} = 2.73\angle 120°$
线电压/V		
$\dot{U}_{\mathrm{AB}} = 4.68\angle 29.7°$	$\dot{U}_{\mathrm{BC}} = 4.71\angle -90.3°$	$\dot{U}_{\mathrm{CA}} = 4.70\angle 149.3°$

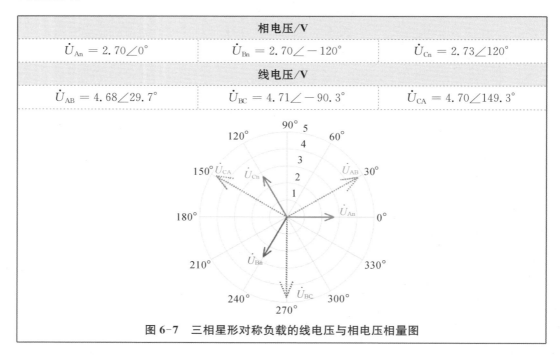

图 6-7　三相星形对称负载的线电压与相电压相量图

当三相负载不对称，即 $R_1 = 500\ \Omega$，$R_2 = R_3 = 1\ \mathrm{k}\Omega$，且没有中线时，使用示波器测量得到如图 6-8 所示波形。

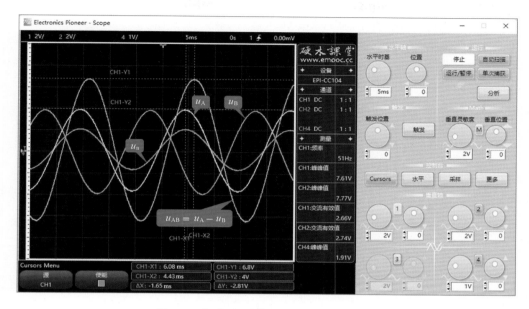

图 6-8　相电压、线电压波形（负载不对称）

观看波形图可知，负载的中性点 n 上电位不为 0，中性点 n 上电压 u_n 与 A 点电位 u_{An} 同相。（这是种特例，可以进行理论推导，当 $R_2 = R_3 = R$，$R_1 < R$ 时，u_n 与 u_{An} 同相；当 $R_2 = R_3 = R$，$R_1 > R$ 时，u_n 与 u_{An} 反相。）

因此，三相星形负载 An 相的相电压为 $u_{An} = u_A - u_n$；与之对应的线电压 $u_{AB} = u_A - u_B$。

求相电压 u_{An}、线电压 u_{AB} 之间的相位差需要借助 A 点电位 u_A 为中间量来获取。这种情况下每测一次相位差要使用两次示波器波形"Math"减法功能才可以计算推导，所以此处就不再往下深入。

实验任务 6-1

使用口袋实验室配备的三个信号源模拟工业生产中的三相星形电源，按照表 6-5 设计三相星形-星形连接电路，并按照表 6-6、表 6-7 进行电压、电流测量。

表 6-5　电路图设计

三相星形电源设置	三个信号源峰峰值：（　　　　）V，频率：50 Hz		
三相星形负载设置	对称：$R_1 = R_2 = R_3 = $（　　　　）Ω		
	不对称：$R_1 = $（　　　）Ω，$R_2 = $（　　　）Ω，$R_3 = $（　　　）Ω		

（续表）

三相负载连接电路	设计三相负载连接电路图

表6-6 三相负载星形连接的电压测量

相电压			线电压			中点间电压	中线情况	负载情况
U_{An}/V	U_{Bn}/V	U_{Cn}/V	U_{AB}/V	U_{BC}/V	U_{CA}/V	U_{Nn}/V		
							有中线	对称
						—	无中线	
							有中线	不对称
						—	无中线	

表6-7 三相负载星形连接的电流测量

线（相）电流			中线电流	中线情况	负载情况
I_{Aa}/mA	I_{Bb}/mA	I_{Cc}/mA	I_{Nn}		
			—	无中线	对称
				有中线	
			—	无中线	不对称
				有中线	

2. 三相三角形负载测量

在图6-9中，使用电阻作为负载，各相负载首尾连接。每相负载a、b、c 3个首端与三相电源A、B、C输出端子相连，得到三相星形-三角形连接，这也是一种三相三线制接法。

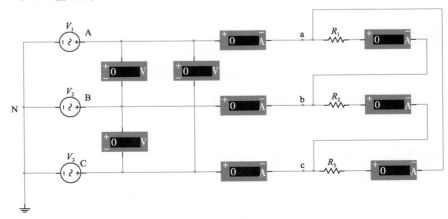

图6-9 星形-三角形连接实验电路

在三相三角形负载连接中,输电线之间的线电压与每一相负载的相电压重合,即 $\dot{U}_l = \dot{U}_P$。

当三相负载对称时,其相电流大小均为 I_P,线电流的大小 I_l 是相电流 I_P 的 $\sqrt{3}$ 倍。各线电压 $\dot{I}_l$ 与相电压 $\dot{I}_P$ 之间有如下关系:

$$\dot{I}_A = \dot{I}_{Aa} = \sqrt{3}\,\dot{I}_{AB}\angle 30°$$

$$\dot{I}_B = \dot{I}_{Bb} = \sqrt{3}\,\dot{I}_{BC}\angle 30°$$

$$\dot{I}_C = \dot{I}_{Cc} = \sqrt{3}\,\dot{I}_{CA}\angle 30°$$

当三相负载不对称时,上述关系不复成立。

按图 6-9 仿真电路进行实物接线,得到实物图 6-10。

在图 6-10 的实物接线中,信号发生器的"HSS""S1""S2"3 个端子作为三相电压源 A 相、B 相、C 相的输出端与三角形负载 a、b、c 3 个端子一一对应连接。

三角形负载对称时电阻 R_1、R_2、R_3 阻值均设置为 $1\,k\Omega$;负载不对称时,让 3 个负载阻值不同即可。为了让负载不对称体现得更为直观,图 6-10 中 bc 相负载用两个 $1\,k\Omega$ 电阻并联而成。

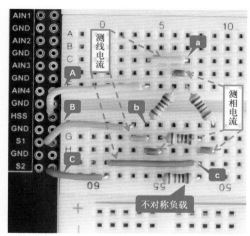

图 6-10 星形-三角形连接实验电路搭建

(1) 使用万用表交流电压挡测量三相三角形电路线(相)电压。

表 6-8 三相负载三角形连接的电压测量

线(相)电压			负载情况
U_{AB}/V	U_{BC}/V	U_{CA}/V	
4.25	4.34	4.30	对称
4.18	4.04	4.23	不对称

（2）用万用表交流电流挡测量该三相三角形电路的线电流和相电流。

表 6-9　三相负载三角形连接的电流测量

线电流			相电流			负载情况
I_{Aa}/mA	I_{Bb}/mA	I_{Cc}/mA	I_{AB}/mA	I_{BC}/mA	I_{CA}/mA	
7.70	7.75	7.86	4.44	4.54	4.51	对称
7.69	11.13	11.26	4.34	8.44	4.44	不对称

在负载对称情况下：

负载各线（相）电压均相等；负载的各线电流大小相等，各相电流大小也相等，且线电流有效值是相电流有效值的 $\sqrt{3}$ 倍。

在负载不对称情况下：

在一定条件下负载的线（相）电压与电源的线电压相等；线电流和相电流由三相三角形负载共同决定。

（3）线电流、相电流之间的相位差测量。

以测量线电流 I_{Aa}、相电流 I_{ab} 为例进行说明。如图 6-11 所示，在三相电源与三相负载之间加入检流电阻 R_4、R_5、R_6。

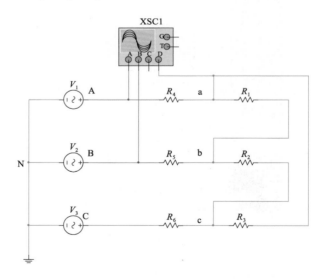

图 6-11　线电流、相电流相位差测量电路

用示波器测量 A、B 两点电位，即 u_A、u_B 的波形。使用示波器"Math"中的减法功能获得相电压 $u_{AB} = u_A - u_B$ 的波形，由于检流电阻上的压降很小，可以忽略不计，则该电压波形也能够反映 ab 相上的相电流 i_{AB}；用示波器测量 u_A、u_a 的波形，使用示波器"Math"功能获得检流电阻 R_4 上的电压 $u_{Aa} = u_A - u_a$，该电压波形能够反映 Aa 线上的线电流 i_{Aa}。

相电流 i_{AB}、线电流 i_{Aa} 之间的相位差则需要借助 A 点电位 u_A 为中间量来获取。使用该方法在负载对称的情况下间接获得线电流滞后相电流约 $30°$。

相电流		
$\dot{I}_{AB} = 4.44 \angle 0°$	$\dot{I}_{BC} = 4.54 \angle -120°$	$\dot{I}_{CA} = 4.54 \angle 120°$
线电流		
$\dot{I}_{Aa} = 7.70 \angle -30°$	$\dot{I}_{Bb} = 7.75 \angle -150°$	$\dot{I}_{Cc} = 7.86 \angle 90°$

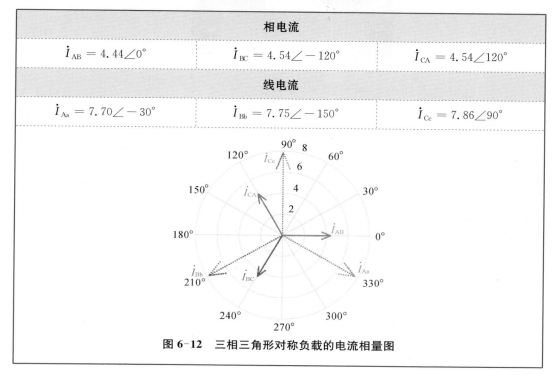

图 6-12　三相三角形对称负载的电流相量图

从此处可以发现,使用示波器测量线电压与相电压的相位差方法较为烦琐。所以,不论三相负载如何连接,是否对称,要测量它们的相位差还是利用其他辅助工具会较为便利。例如:使用模拟电子技术实验中的减法器等。

实验任务 6-2

使用口袋实验室配备的三个信号源模拟工业生产中的三相星形电源,设计一个三相星形-三角形连接电路,按照表 6-10 进行测量。

表 6-10　三相负载三角形连接

三相星形电源设置	三个信号源峰峰值:(　　　)V,频率:50 Hz		
三相三角形负载设置	对称:$R_1 = R_2 = R_3 = ($　　$) \Omega$		
	不对称:$R_1 = ($　　$) \Omega, R_2 = ($　　$) \Omega, R_3 = ($　　$) \Omega$		
三相负载连接电路	设计三相负载连接电路图		

表 6-11　三相负载三角形连接的电压与电流测量

线(相)电压			线电流			相电流			负载情况
U_{AB}/V	U_{BC}/V	U_{CA}/V	I_{Aa}/mA	I_{Bb}/mA	I_{Cc}/mA	I_{AB}/mA	I_{BC}/mA	I_{CA}/mA	
									对称
									不对称

（三）三相电路有功功率测量

1. 三瓦法与一瓦法

对于三相电路来说,不论负载是星形连接还是三角形连接、其负载是否对称、星形连接是否有中线,每一相负载上的有功功率如下：

$$P_A = \frac{1}{T}\int_0^T p_A \mathrm{d}t = U_{pA}I_{pA}\cos\theta_A$$

$$P_B = \frac{1}{T}\int_0^T p_B \mathrm{d}t = U_{pB}I_{pB}\cos\theta_B$$

$$P_C = \frac{1}{T}\int_0^T p_C \mathrm{d}t = U_{pC}I_{pC}\cos\theta_C$$

如果电阻作为负载时,每一相的功率因数 $\cos\theta_A$、$\cos\theta_B$、$\cos\theta_C$ 均为 1,该相上的功率就是相电压与相电流相乘。

而三相电路的总功率为：

$$P_\text{总} = P_A + P_B + P_C$$

此时,按照图 6-13 在每一相上都接入功率表进行测量,再对这三相上的功率求和得到总功率。因为使用了 3 只功率表,因此该方法称为三瓦(表)法。

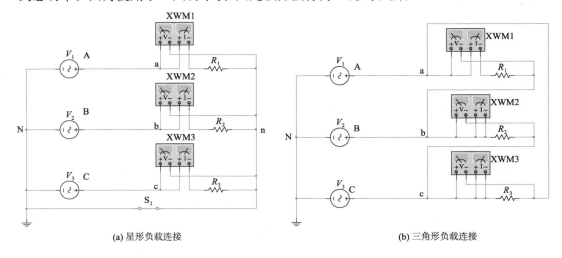

(a) 星形负载连接　　　　　　　　　(b) 三角形负载连接

图 6-13　三瓦(表)法功率测量电路

当对称负载时,负载功率相等:$P_A = P_B = P_C = P$,只需要测量其中一相上的功率,即得到总功率:

$$P_{总} = 3P$$

此时,只用了一只功率表,因此该方法称为一瓦(表)法。

当三相负载只由电阻元件组成时,每一相上的功率因数都为1,所以可以直接使用万用表测量每一相上的电压、电流,并由此计算出三相负载的有功功率。这也是口袋实验设备模拟三相电路功率测量的方法。

使用"三相星形负载测量"中的数据,可以得到如表6-12所示的有功功率测量数据:

表 6-12　三瓦法测量三相星形负载的有功功率示例

P_A/mW	P_B/mW	P_C/mW	$P_{总}$/mW	中线情况	负载情况
7.61	7.56	7.69	22.87	无中线	对称
7.55	7.58	7.75	22.90	有中线	
8.09	9.73	9.85	27.68	无中线	不对称
13.64	7.61	7.75	29.01	有中线	

注:A、B、C三相负载,电阻分别为R_1、R_2、R_3。
负载对称时:$R_1 = R_2 = R_3 = 1\,k\Omega$;负载不对称时:$R_1 = 500\,\Omega$,$R_2 = R_3 = 1\,k\Omega$

在负载不对称时,有中线情况下保证了各相负载的独立性,彼此并不影响;而失去中线后,负载中性点发生偏移,各相负载工作相互关联,彼此影响。从负载不对称数据可以反映出有中线的总功率大于无中线的功率。

使用"三相三角形负载测量"中的数据,可以得到如表6-13所示的有功功率测量数据。

表 6-13　三瓦法测量三相三角形负载的有功功率示例

P_A/mW	P_B/mW	P_C/mW	$P_{总}$/mW	负载情况
18.87	19.70	19.39	57.96	对称
18.14	34.09	18.78	71.02	不对称

注:A、B、C三相负载,电阻分别为R_1、R_2、R_3。
负载对称时:$R_1 = R_2 = R_3 = 1\,k\Omega$,负载不对称时:$R_2 = 500\,\Omega$,$R_1 = R_3 = 1\,k\Omega$

实验任务 6-3

采用上一小节的实验任务中所测得的电压、电流数据，根据表 6-14、表 6-15 中的提示，使用三瓦法计算出该三相电路的有功功率。

表 6-14　三瓦法测量三相星形负载的有功功率

P_A /mW	P_B /mW	P_C /mW	$P_总$ /mW	中线情况	负载情况
				无中线	对称
				有中线	
				无中线	不对称
				有中线	

表 6-15　三瓦法测量三相星形负载的有功功率

P_A /mW	P_B /mW	P_C /mW	$P_总$ /mW	负载情况
				对称
				不对称

2. 二瓦法

三瓦法可以用于三相四线制与三相三线制接法，而二瓦法只能用于三相三线制。如图 6-14 所示，两个功率表任意选择两相接入（图 6-14 中功率表接在电源 A、C 两相上）。此时要保证电压表、电流表正端子共同连接一处。电流表负端子与三相负载连接，而两个功率表的电压表负端子则要共同接到没有功率表那一相的端线（图 6-14 中 B-b 线）上。

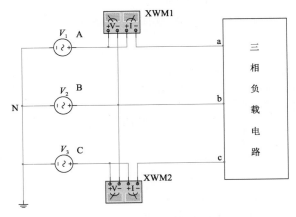

图 6-14　功率表二瓦法测功率示意图

由此使用两块功率表分别测出功率 P_1 与 P_2，得到：

$$P_{总} = P_1 + P_2$$

如图 6-15 和图 6-16 所示，A-a、B-b、C-c 三条端线上的电流分别为 i_A、i_B 与 i_C。

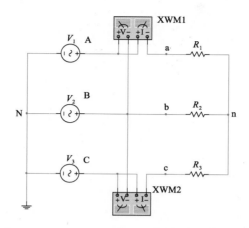

图 6-15　二瓦法测三相星形负载功率

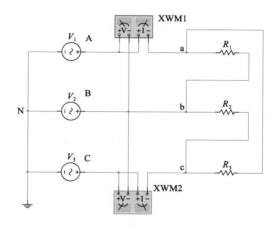

图 6-16　二瓦法测三相三角形负载功率

采用基尔霍夫定律进行二瓦法测量的推导如下：

（1）三相星形负载

$$P_{总} = \frac{1}{T}\int_0^T (u_{An}i_A + u_{Bn}i_B + u_{Cn}i_C)\mathrm{d}t$$

因为

$$i_B = -i_A - i_C$$

所以

$$P_{总} = \frac{1}{T}\int_0^T [u_{An}i_A - u_{Bn}(i_A + i_C) + u_{Cn}i_C]\mathrm{d}t$$

$$= \frac{1}{T}\int_0^T [(u_{An} - u_{Bn})i_A + (u_{Cn} - u_{Bn})i_C]\mathrm{d}t$$

$$= \frac{1}{T} \int_0^T (u_{AB} i_A + u_{CB} i_C) dt$$

其中：

$$P_1 = \frac{1}{T} \int_0^T (u_{AB} i_A) dt = U_{AB} I_A \cos \varphi_{1A}$$

$$P_2 = \frac{1}{T} \int_0^T (u_{CB} i_C) dt = U_{CB} I_C \cos \varphi_{1C}$$

所以 $\qquad\qquad P_{总} = P_1 + P_2$

式中，φ_{1A}、φ_{1C} 为三相线电压与线电流的相位差。

（2）三相三角形负载

$$P_{总} = \frac{1}{T} \int_0^T (u_{AB} i_{AB} + u_{BC} i_{BC} + u_{CA} i_{CA}) dt$$

$$= \frac{1}{T} \int_0^T [u_{AB} i_{AB} + u_{BC} i_{BC} - (u_{BC} + u_{AB}) i_{CA}] dt$$

$$= \frac{1}{T} \int_0^T [u_{AB} (i_{AB} - i_{CA}) + u_{BC} (i_{BC} - i_{CA})] dt$$

因为 $\qquad\qquad i_A = i_{AB} - i_{CA}, \; i_C = i_{BC} - i_{CA}$

所以 $\qquad\qquad P_{总} = \frac{1}{T} \int_0^T (u_{AB} i_A + u_{CB} i_C) dt$

其中：

$$P_1 = \frac{1}{T} \int_0^T (u_{AB} i_A) dt = U_{AB} I_A \cos \varphi_{1A}$$

$$P_2 = \frac{1}{T} \int_0^T (u_{CB} i_C) dt = U_{CB} I_C \cos \varphi_{1C}$$

所以， $\qquad\qquad P_{总} = P_1 + P_2$

式中，φ_{1A}、φ_{1C} 为三相线电压与线电流的相位差。

如图 6-17 所示，在没有功率表的情况下，使用口袋实验设备采用二瓦法进行功率测量需要从上述推导出发：

首先，直接使用万用表测量每一线电压、线电流，如：U_{AB}、U_{CB}、I_A、I_C 等。

其次，使用示波器测量线电压与线电流的相位差，如：φ_{1A}、φ_{1C} 等。

最后，根据公式求得总功率：

$$P_{总} = P_1 + P_2 = U_{AB} I_A \cos \varphi_{1A} + U_{CB} I_C \cos \varphi_{1C}$$

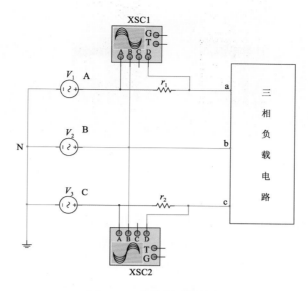

图 6-17 示波器测量功率

该测量的难度在于测相位差,具体使用方法与前面相位差的测量相同,此处不再赘述。图 6-17中,如果三相负载是星形连接,检流电阻 r_1 与 r_2 可以省略,并用星形负载中 a、c 相中对应电阻替代。

因为借助示波器测量相位较为烦琐,且检流电阻电压较小,观察波形不易,所以要测量相位差可以借助其他辅助工具。例如:使用模拟电子技术实验中的减法器。

参 考 文 献

［1］邱关源,罗先觉.电路[M].6 版.北京:高等教育出版社,2022.

［2］邹建龙.电路:慕课版 支持 AR＋H5 交互[M].北京:人民邮电出版社,2023.

［3］汪建,刘大伟.电路原理(上册)[M].3 版.北京:清华大学出版社,2020.

［4］汪建,李开成.电路原理(下册)[M].3 版.北京:清华大学出版社,2021.

［5］于歆杰,朱桂萍,陆文娟.电路原理[M].北京:清华大学出版社,2007.

［6］托马斯 L 弗洛伊德.电路原理[M].10 版.陈希有,等译.北京:机械工业出版社,2021.

［7］冯澜.电路基础[M].北京:机械工业出版社,2015.

［8］邹建龙,高昕悦,王超.电路实验[M].北京:高等教育出版社,2022.

［9］雷宇,李娟.电路实验[M].西安:西安电子科技大学出版社,2022.

［10］刘东梅.电路实验教程[M].北京:高等教育出版社,2020.